口絵1　能面（1章参照）

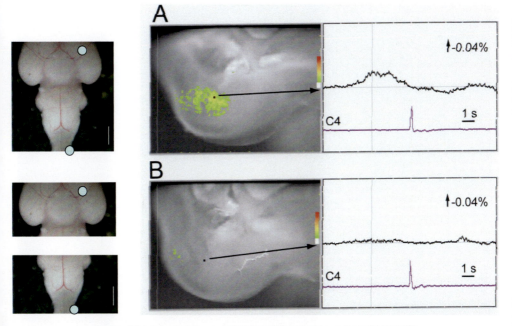

口絵2（図1.18）　新生ラット大脳辺縁系-脳幹-脊髄標本における扁桃体活動[21]

口絵 3（図 1.23） いけばな（いけばな作家　大泉麗仁作）

口絵 4（図 1.26） 能「オンディーヌ」（本間生夫作，シテ：梅若猶彦）

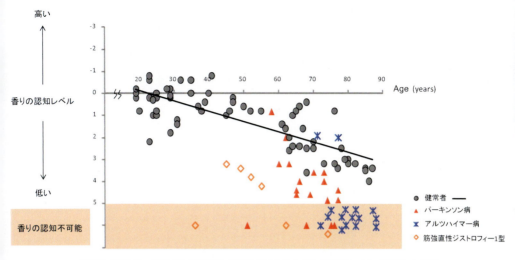

口絵5（図3.5） 健常者と神経変性疾患患者における香りの認知レベル（縦軸）と年齢（横軸）との関係（文献11を改変）

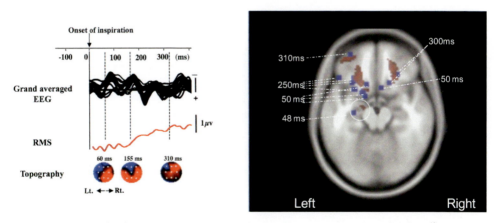

口絵6 機能的磁気共鳴画像 (fMRI) と脳波双極子追跡法 (dipole method: DT法) による嗅覚賦活部位[6]（p.78参照）
左：脳波は呼吸の流量と同時記録し、呼吸の吸息に一致させて加算する。吸息に同期して嗅覚呼吸関連電位が認められる。その電位から DT法（脳波から脳内の電源を推定する方法）により電源を推定した。DT法は時間分解能に優れているため、香りを嗅いだ時の呼吸の吸い始めからどのように活動が移動していくかをみることができる。fMRI は空間分解能に優れており、DT法の結果と重ねることでより空間的情報を得ることができる。
右：fMRI 下で香りを投与し賦活した脳内部位（赤で示す）と DT法により推定された脳内部位（青で示す）を重ね合わせた。48 ms から 50 ms で嗅内野皮質、海馬に活動が見られ、50 ms から 300 ms にかけて眼窩前頭葉へ活動が収束する。300 ms で香りの認知（何の匂いかを言葉で表現することができ、また香りに対してどう感じているかを認識する）がなされる。
本方法を用い、発症以前に嗅覚障害を認める認知症、パーキンソン病、精神疾患患者において検査を行い、早期発見へのスクリーニングとしての応用に努めている。

口絵 7　高齢者での太極拳の実施風景（4.2 節参照）

口絵 8　海外での太極拳の実施風景（4.2 節参照）

情動学シリーズ 6

小野武年 監修

情動と呼吸
―自律系と呼吸法―

Emotion and Breathing

本間生夫
帯津良一 編集

朝倉書店

情動学シリーズ　刊行の言葉

　情動学（Emotionology）とは「こころ」の中核をなす基本情動（喜怒哀楽の感情）の仕組みと働きを科学的に解明し，人間の崇高または残虐な「こころ」，「人間とは何か」を理解する学問であると考えられています．これを基礎として家庭や社会における人間関係や仕事の内容など様々な局面で起こる情動の適切な表出を行うための心構えや振舞いの規範を考究することを目的としています．これにより，子育て，人材育成および学校や社会への適応の仕方などについて方策を立てることが可能となります．さらに最も進化した情動をもつ人間の社会における暴力，差別，戦争，テロなどの悲惨な事件や出来事などの諸問題を回避し，共感，自制，思いやり，愛に満たされた幸福で平和な人類社会の構築に貢献するものであります．このように情動学は自然科学だけでなく，人文科学，社会科学および自然学のすべての分野を包括する統合科学です．

　現在，子育てにまつわる問題が種々指摘されています．子育ては両親をはじめとする家族の責任であると同時に，様々な社会的背景が今日の子育てに影響を与えています．現代社会では，家庭や職場におけるいじめや虐待が急激に増加しており，心的外傷後ストレス症候群などの深刻な社会問題となっています．また，環境ホルモンや周産期障害にともなう脳の発達障害や小児の心理的発達障害（自閉症や学習障害児などの種々の精神疾患），統合失調症患者の精神・行動の障害，さらには青年・老年期のストレス性神経症やうつ病患者の増加も大きな社会問題となっています．これら情動障害や行動障害のある人々は，人間らしい日常生活を続けるうえで重大な支障をきたしており，本人にとって非常に大きな苦痛をともなうだけでなく，深刻な社会問題になっています．

　本「情動学シリーズ」では，最近の飛躍的に進歩した「情動」の科学的研究成果を踏まえて，研究，行政，現場など様々な立場から解説します．各巻とも研究や現場に詳しい編集者が担当し，1）現場で何が問題になっているか，2）行政・教育などがその問題にいかに対応しているか，3）心理学，教育学，医学・薬学，脳科学などの諸科学がその問題にいかに対処するか（何がわかり，何がわかって

いないかを含めて）という観点からまとめることにより，現代の深刻な社会問題となっている「情動」や「こころ」の問題の科学的解決への糸口を提供するものです．

なお本シリーズの各巻の間には重複があります．しかし，取り上げる側の立場にかなりの違いがあり，情動学研究の現状を反映するように，あえて整理してありません．読者の方々に現在の情動学に関する研究，行政，現場を広く知っていただくために，シリーズとしてまとめることを試みたものであります．

2015 年 4 月

小野武年

●序

　情動は身体反応を伴う感情変化といえる．したがって，情動には生体の持つあらゆる機能が関わってくる．なかでも，自律系機能は感情が変化すれば必ず変わるものであり，情動と最も密接に関係する身体機能といえる．自律系機能は基本的には意思により制御できるものではなく，自律系機能といえば，自律神経，あるいは内分泌による身体調節がまず頭に浮かぶ．とくに自律神経による調節は，動悸や冷や汗などのように，感情の変化に伴う身体の変化として一般的によく知られている．

　最近，情動を自己制御するマインドフルネスが欧米で盛んになり，日本でも取り上げられ始めている．その基本は呼吸に意識を持っていくことであるが，この呼吸もまた自律系機能の一つといえる．普段の呼吸運動は意識して行っているものではなく，自動性に変化し，体内の二酸化炭素の量，pHを一定に保っている（ホメオスタシス）．呼吸運動は自動性に変化しているが，自律神経ではなく体性神経支配下にある．自動性に変化している呼吸は，ホメオスタシスのためだけに存在しているものではなく，情動とも密接に関わり，呼吸リズムは変化している．そこには，ホメオスタシスを維持する中枢ではなく別の中枢が働いている．

　本書は，「情動と呼吸」というテーマのもと，4つの章と補章から構成されている．第1章では情動と呼吸の関係を中心に呼吸のすべてが概説されている．第2章では情動と自律神経活動の関係を解説している．第3章では嗅覚を取り上げているが，匂いを嗅ぐ動作は呼吸運動であり，呼吸の視点から嗅覚を見直している．匂いは情動に関わるが，嗅ぐ動作が情動と強く結びついているのである．これは認知症とも強く関連してくる．第4章では情動に関わる呼吸法をいくつかあげている．東洋では情動の安定化のためにさまざまな呼吸法が生まれているが，その中からヨーガ，太極拳を取り上げ，実践法を含め解説している．日本でも古来から呼吸法が盛んであり，本書ではとくに座禅の呼吸法を解説している．日本では呼吸が文化とも結びついているため，西欧医学的研究による解説に特化せず，日本独特な呼吸をあえて意識的に取り上げている．

最後に補章として，呼吸法の系譜を解説している．

　これらの項目について，さまざまな視点から興味を持って読んでいただければ幸いである．また，お忙しい中，貴重な原稿をお寄せいただいた執筆者の方々に厚くお礼申し上げる．

2016 年 10 月

本間生夫
帯津良一

●編著者

本間 生夫　東京有明医療大学
帯津 良一　帯津三敬病院

●執筆者（執筆順）

本間 生夫　東京有明医療大学
桑木 共之　鹿児島大学大学院医歯学総合研究科先進治療科学専攻
政岡 ゆり　昭和大学医学部生理学講座生体調節機能学
高田 明和　NPO法人食と健康プロジェクト理事長
楊　 玲奈　日本健康太極拳協会
番場 裕之　日本ヨーガ光麗会会長
帯津 良一　帯津三敬病院

●目　次

1. **情動と呼吸** ………………………………………………［本間生夫］… 1
   1.1 呼吸と情動に関する研究動向 ……………………………………… 1
   1.2 呼吸の基本 ………………………………………………………… 3
      a. 酸　素 …………………………………………………………… 3
      b. 二酸化炭素 ……………………………………………………… 5
   1.3 呼吸調整 …………………………………………………………… 6
      a. 胸　郭 …………………………………………………………… 6
      b. 呼吸筋 …………………………………………………………… 6
      c. 呼吸運動調節 …………………………………………………… 11
   1.4 呼吸と脳 …………………………………………………………… 12
      a. 呼吸に関する脳からの経路 …………………………………… 12
      b. 呼吸リズム産生機構 …………………………………………… 15
   1.5 情動と呼吸 ………………………………………………………… 16
      a. ヒトにおける情動と呼吸 ……………………………………… 18
      b. 不安と呼吸 ……………………………………………………… 19
      c. 扁桃体と呼吸リズム …………………………………………… 23
      d. 情動障害と呼吸 ………………………………………………… 26
   1.6 呼吸で心を癒す …………………………………………………… 27
      a. 呼吸筋ストレッチ体操 ………………………………………… 27
   1.7 日本の伝統文化と呼吸 …………………………………………… 34
      a. いけばなと呼吸 ………………………………………………… 35
      b. 能と呼吸 ………………………………………………………… 37
   1.8 芸術と呼吸 ………………………………………………………… 41

2. **自律神経と情動** …………………………………………［桑木共之］… 46
   2.1 情動は自律神経活動に影響する ………………………………… 46

- 2.2 自律神経活動は情動に影響する？ …………………………………… 46
  - a. ジェームス-ランゲ説 ……………………………………………… 46
  - b. キャノン-バード説 ………………………………………………… 47
  - c. 扁桃体と視床下部の重要性 ……………………………………… 49
  - d. 意識過程と無意識過程は並列する ……………………………… 49
  - e. 情動と自律神経との関係：現在の理解 ………………………… 50
- 2.3 自律神経とストレス防衛反応 ………………………………………… 52
  - a. 自律神経 …………………………………………………………… 52
  - b. 中枢性循環調節 …………………………………………………… 54
  - c. ストレス防衛反応 ………………………………………………… 56
- 2.4 オレキシン：情動と自律神経との接点 ……………………………… 58
  - a. オレキシンとは …………………………………………………… 58
  - b. オレキシンはストレス防衛反応の自律神経出力・身体反応出力を仲介する …………………………………………………………… 60
- 2.5 快情動 …………………………………………………………………… 64
  - a. 快情動の脳内回路 ………………………………………………… 64
  - b. 快情動とオレキシン ……………………………………………… 65
- 2.6 まとめと将来展望 ……………………………………………………… 67

3. 香りと情動 ……………………………………………… [政岡ゆり] … 69
- 3.1 嗅覚と脳 ………………………………………………………………… 69
  - a. 嗅覚を理解する意味 ……………………………………………… 69
  - b. 嗅覚情報の経路と脳の発達 ……………………………………… 70
- 3.2 呼吸，情動，そして嗅覚 ……………………………………………… 71
  - a. 嗅覚と呼吸 ………………………………………………………… 71
  - b. 呼吸と負の情動 …………………………………………………… 72
  - c. 呼吸と心地良い香り ……………………………………………… 73
  - d. 香りと記憶 ………………………………………………………… 75
- 3.3 嗅覚と病態 ……………………………………………………………… 76
  - a. 嗅覚障害と病態 …………………………………………………… 76
  - b. 情動と病態 ………………………………………………………… 79

3.4　社会の中での香り，呼吸 ································· 79
　　　　a.　コミュニケーションとしての香り ························· 79
　　　　b.　人と人をつなぐ呼吸と香り ······························· 80
　　　　c.　香りの効果的利用 ······································· 81

4.　伝統的な呼吸法 ··· 85
　　4.1　坐禅の呼吸 ··[高田明和]··· 85
　　　　a.　禅の成り立ち ··· 85
　　　　b.　坐禅の呼吸 ··· 93
　　4.2　太極拳の心・息・動―楊名時太極拳のカリキュラムから··[楊玲奈]··· 99
　　　　a.　太極拳とは ··· 99
　　　　b.　太極拳の健康効果 ······································ 100
　　　　c.　実技の要領 ·· 101
　　　　d.　太極拳 ·· 108
　　4.3　ヨーガと情動 ······································[番場裕之]··· 113
　　　　a.　ヨーガの成り立ち ······································ 113
　　　　b.　インド的調気法と中国的呼吸法 ·························· 114
　　　　c.　ヨーガの調気法 ·· 114
　　　　d.　呼吸の流れ方（「波形」）と呼吸の「間」 ················· 115
　　　　e.　鼻孔入息―鼻孔出息：その意味について ················· 116
　　　　f.　ヨーガの呼吸の仕方 ···································· 119

補章　呼吸法の系譜 ·······································[帯津良一]··· 124
　　1.　ホリスティック医学と呼吸 ·································· 124
　　2.　調和道丹田呼吸法 ·· 125
　　　　a.　東京大学空手部 ·· 125
　　　　b.　八光流柔術 ·· 125
　　　　c.　藤田霊斉の夢 ·· 126
　　　　d.　岡田式静坐法 ·· 127
　　　　e.　村木弘昌の功績 ·· 127
　　　　f.　三木成夫の世界 ·· 128

- 3. 白隠禅師の『夜船閑話』……………………………………130
  - a. 白隠禅師………………………………………………130
  - b. 内観の法………………………………………………131
  - c. 虚　空…………………………………………………132
- 4. 気　功………………………………………………………132
  - a. 気功との出会い………………………………………132
  - b. 西湖と蘇軾……………………………………………134
- 5. 院内気功道場顛末…………………………………………134
  - a. 病院開設………………………………………………134
  - b. 太極拳…………………………………………………136
  - c. 中国気功界との交流…………………………………137
- 6. 上海気功研究所……………………………………………138
  - a. 第2回上海国際気功シンポジウム…………………138
  - b. 上海市気功研究所……………………………………139
- 7. 『中国気候学』に学ぶ気功の源流…………………………140
  - a. 戦国時代（BC 403〜221年）………………………140
  - b. 両漢時代（前206〜後220年）………………………142
  - c. 魏晋南北朝時代（220〜589年）……………………143
  - d. 隋唐五代時代（581〜979年）………………………145
  - e. 宋金元時代（960〜1368年）…………………………145
- 8. 忘れてはならない人々……………………………………146
  - a. 『養生訓』の貝原益軒…………………………………146
  - b. 上海癌症クラブと郭林新気功………………………147
  - c. 北戴河の劉貴珍………………………………………148
- 9. その他の呼吸法……………………………………………149
  - a. ヨーガ…………………………………………………149
  - b. 坐　禅…………………………………………………150
  - c. 武　道…………………………………………………150
- 10. 呼吸法の現代医学的意義…………………………………150
  - a. 三大体腔理論…………………………………………150
  - b. 自律神経のバランスを回復する……………………151

  c.　有田秀穂のセロトニン理論………………………………………151
  d.　エントロピーを排出する―調息………………………………152
  e.　自己組織化力の向上―調身と調心……………………………152

索　　引………………………………………………………………155

情動と呼吸

1.1 呼吸と情動に関する研究動向

　情動と呼吸の関連は医学的見地からではなく，心理学的見地から語られることが多く，様々な精神変化に対する心理療法の中で呼吸再トレーニング（breathing re-training：BR）として使われることが多い．心理学では呼吸を意識させることで精神を落ち着かせることに使われている．その基本には，呼吸を意識できることは生きていることを自覚させることであり，生きている自分の体と心を繋いでくれるものである，と言える．そして，この意識呼吸を臨床的に精神の健康を取り戻す方法として使われている．心理療法としての呼吸は3つの側面から見ることができる．1つ目は西洋医学的に呼吸と情動をどのようにとらえているか．2番目に伝統的代替補完医療が呼吸を癒しの方法として使っているが，その呼吸と精神の健康との間の関係はどうなのか．3番目は心理療法として呼吸をどのように考えているのか．

　西洋医学的研究とは別に呼吸運動が不安のようなネガティブ（不快）な情動を抑え，リラックスできることを示している論文がいくつかある．高血圧の患者で，リラックスできる音楽だけを聞くグループと，呼吸運動を取り入れたリラックス法を施行したグループでは，呼吸運動を取り入れた方がよりリラックスでき血圧も下がるという[1]．また，学生を対象とした研究で持続的筋肉リラックス法を取り入れた群と深呼吸を取り入れた群では，深呼吸を取り入れた方がリラックス状態を調べる尺度が高かったという[2]．

　1997年にWatsonらにより米国ベトナム戦争の帰還兵を対象とした研究が行われた[3]．心的外傷後ストレス障害（post traumatic stress disorder：PTSD）にかかっている帰還兵90名が対象となった．ゆったりとしたイスに腰をかけさせリラックスするように指示する．深呼吸をさせる，体温を測りバイオフィードバッ

クさせる．この3種類でリラックス度を比較したところ，それぞれの方法で差は認められず，いずれもリラックス効果を示した．様々な方法がリラックスをもたらすが，特に呼吸法，ここでは深呼吸は不安度を和らげる効果があるという．深呼吸はDBM（deep breathing meditation）と言われている．

　伝統的なヨガや瞑想は呼吸を基本としている．ヨガでは随意的呼吸を取り入れている．瞑想ではとりたてて呼吸を意識しているわけではないが，自然界から体の中に取りこみ，また，外へ出す，という呼吸に絡んだ動きをしている．これらの代替補完医療は西洋的医療の分野においても取り入れられ，米国においてはNIH（National Institutes of Health）の出資によってNCCAM（National Center for Complementary and Alternative Medicine）が2002年に創設された．西洋医であっても補完代替医療（Complementary Alternative Medicine：CAM）を身につけておくことは治療に役に立つと考えられる．情動，心の健康における呼吸の役割，また，伝統的な代替補完医療における呼吸の重要性に関して，まだまだ研究が足りないのが現状である．

　認知行動療法（Cognitive Behavioral Therapy：CBT）のPTSDやパニック障害に対する効能に関する研究は数限りなくある．CBTにおける対処法では心の中で認知を再構築させたり心理教育をしたりと様々な介入法を取り入れ，内面を表し，対処法の技術を教えている．その中に横隔膜呼吸として知られる呼吸をトレーニングする方法があり，PTSD患者やパニック障害の患者さんの最も重要な対処法となっている．ここで言う横隔膜呼吸とは日本では腹式呼吸と呼ばれているものである．呼吸人形も使われている．米国では呼吸する熊としてテディベアがストレスにより泣き叫ぶ子供に有効であるといわれているが，まだまだその効果に関する研究は少ない．日本でも，くまのプーさんやミッキーマウスの呼吸人形が出ている．

　治療法として介入する方法の1つとして呼吸を使うことの有効性を示す論文はまだまだ少ない．この研究に関しては呼吸に関する心理生理学的研究，西洋医学的研究そして伝統的代替補完医療の研究が必要である．それらの分野では呼吸が精神を安定させることを指摘しているが，経験に基づく知識が多く，科学的に示したものは少ない．さらにそれら3分野での相互の理解も十分ではない．現代の医師がどれほど心理療法的介入法を理解し，取り入れるかは定かではない．しかし，現代の臨床精神衛生において精神療法における意識呼吸のような補完代替医

療を取り入れようとする動きが始まり，実際取り上げられ始めている．

本章では呼吸とは何かを，その基本から示し，情動と呼吸の関係を明らかにしていく．

1.2 呼吸の基本

呼吸とはいったい何なのか．その基本をまず説明しなくてはならない．「呼吸とは何か」という問いに対し即座に返ってくる答えは「酸素を体内に取り入れるためです」．その通りで，ではなぜ酸素を取り入れなくてはいけないのですか，と問うと，「それは酸素がないと生きていけないからです」という答えが返ってくる．酸素は私たちの体にどうして必要なのか，そして，酸素を取り入れるとその後どういう変化が起こるのか．

a. 酸　素

酸素の命名者はフランスのラヴォアジェである．燃焼という化学反応から「酸素との結合」が燃焼であると説明した．大気中に存在するこの物質は，イギリスのプリーストリーとほぼ同時に発見され「優れて呼吸に適した空気」と名づけ，その後，活性空気すなわち air vital と命名された．大気は2つの空気のようなガスから成り立ち，その1つは呼吸を助け，動物の生命を支え，可燃性物質を燃やすが，もう1つの方は正反対で動物は窒息し，燃焼をさせない．そして，この呼吸を助ける物質は，酸のギリシャ語オクシェと，作るという意味のゲノアイからオクシジュン Oxygen となった（1779年）．この物質は，他の多くのものと結びついて酸を作るところからオクシェという言葉がつけられた．呼吸の助けにならないもう一方の物質は，生命の意味のゾイに否定のアをつけアゾト（窒素）となった．

酸素が体内に取り入れられないと体を構成する細胞は死ぬが，臓器により細胞死に至るまでの時間は異なる．胃や腸の組織は呼吸停止して10時間くらいで懐死を起こすが，骨格筋は2〜3時間，心筋では10分〜20分，大脳皮質に至っては3〜5分で懐死を起こす．脳の細胞が最も酸素欠乏に弱いと言える．ただ脳細胞でも延髄の呼吸性神経細胞は抵抗性が高く，20分は生存する．しかし，酸素は酸素中毒という病名があるように，生体にとって悪い影響も及ぼす．酸素と生命との関わりについては次のように考えられている．

地球に生命が誕生した頃，地球を覆う大気中に酸素はなかった．最初の生命体である原核生物は酸素がなくてもエネルギーを作り出していた．ところが，その生命体の中に存在したシアノバクテリア（葉緑体のもとになった細菌）は光合成によって酸素を作り出すようになった．大気中に酸素が多量に含まれるようになり，その酸素を使って生命を維持する細菌類が現れてきた．ヒトの起源である真核生物はもともと酸素を使う生命体ではなく，むしろ酸素が生体にとって害を及ぼすものであった．真核生物は酸素を使う細菌を細胞内に取り入れ，酸素を使ってエネルギーを作り出すようになったのである．その細胞内に取り入れた生命体がミトコンドリアだったというわけだ．ヒトは細胞内のミトコンドリアによりエネルギー基質を持つ栄養素と酸素からATPを作り出し，生きている．体の中に取り込まれている酸素の量はトリチェリ単位の分圧で示すことが多く，動脈血液中に物理的に溶け込んでいる酸素の分圧は 95 mmHg が正常値である．静脈血中では酸素が組織で使われた後なので，酸素分圧は下がり 40 mmHg となる．

　一方，大気中には酸素が約 21% 含まれているので，1 気圧（760 mmHg）のもとでは，水蒸気圧（体温 37℃ での飽和水蒸気圧は 47 mmHg）を差し引いて，肺の中での吸入酸素分圧は約 150 mmHg となる．気圧が低くなると吸入する酸素分圧が下がってくる．標高が高くなると大気の組成が変わらなくても，気圧が低くなるため，標高 1000 m くらいの軽井沢では吸入気の酸素分圧は約 130 mmHg となる．標高 3000 m で吸入酸素分圧は約 100 mmHg，富士山の高さ 3776 m になると 90 mmHg まで下がる．世界一高いエベレスト山は約 8800 m であるので，気圧は 250 mmHg にまで下がり，吸入分圧は 40 mmHg 余りになってしまう[4]．静脈中の酸素分圧との差が小さいほど，肺における酸素の拡散が悪くなるため，体内に取り込まれる酸素の量が極端に落ちる．大気中の酸素分圧が静脈血中の酸素分圧と等しくなると，全く酸素が体内に取り込まれなくなる．この点からすれば，エベレスト山では酸素ボンベによる酸素供給が必要になる（図 1.1）．

　このように，酸素は必要不可欠なものであるが，毒としても作用する．酸素中毒は活性酸素の産生によると考えられている．吸入酸素分圧が 60%，1 気圧下で 450 mmHg までは比較的安全であるが，100%，760 mmHg の酸素を 8 時間吸入すると咽頭炎や肺うっ血を起こし，咳発作や呼吸困難の症状が現れる．さらに高圧にすると吐き気やめまいを起こし，失神する．活性酸素は細胞を破壊するので，必要以上に酸素を体内に取り込む必要はない．

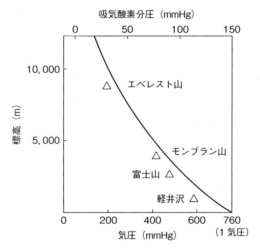

図 1.1 標高による気圧と酸素分圧の変化

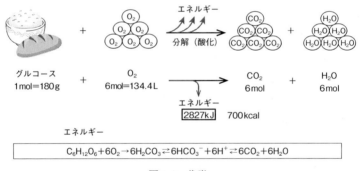

図 1.2 代謝

呼吸の目的　①血液に酸素を供給する：細胞のエネルギー代謝に酸素が必要
　　　　　　②酸塩基平衡の調節：血中の二酸化炭素濃度を保つ

b. 二酸化炭素

　エネルギー基質を持つ栄養素（糖質，脂質，タンパク質）を酸素で燃焼すると ATP が作り出される（図 1.2）．これをエネルギー代謝と呼んでいるが，その燃焼の結果二酸化炭素が作り出される．二酸化炭素は肺から排出される物質であるが，決して不要な代謝産物ではない．体の酸・塩基度を調整する重要な物質で，ホメオスタシスを担っている．動脈血中の二酸化炭素分圧の正常値は 40 mmHg，静脈（混合静脈）中の分圧は 45 mmHg である．動脈は PH 7.4 に常に保たれてい

る．換気不全で高炭酸ガス血症になると，最初のうちは換気が刺激され二酸化炭素を排出しようとするが，やがてその反応は鈍くなり二酸化炭素が蓄積する．重篤になると錯乱，昏睡から死に至る．酸性が強く，重篤な呼吸性アシドーシスになっている．逆に過換気になると二酸化炭素が体から出過ぎてしまい，呼吸性アルカローシスになる．動脈血二酸化炭素分圧は 15 mmHg まで下がってしまい，低炭酸ガス血症と呼ばれ，脳血管は収縮し，脳血流は 30% 以上減少し，めまいや知覚異常を起こす．

1.3 呼吸調節

呼吸は，吸って吐いてを繰り返すリズム運動であるが，その呼吸運動には様々な調節系が働き，ホメオスタシスを保っている．その呼吸調節を担う機構を解説する．情動と呼吸の関連に関しても，これらの調節系が強くかかわっている．

a. 胸郭

肺は弾性力を持ち，膨らんだ肺は元に戻ろうと縮むが，肺そのものが能動的に縮めたり拡張したりする力は持っていない．肺の動きは肺を取り囲む胸郭の動きによる．肺の外側には膜があり，それを臓側胸膜と呼ぶ．また，胸壁の内側にも膜があり，壁側胸膜と呼ばれている．この両胸膜の間は空間になっており，その空間を胸腔と呼ぶ．胸腔は空間であるが，胸腔内の圧力すなわち胸腔内圧は陰圧になっている．そのため，臓側胸膜と壁側胸膜は正常ではピッタリくっついており，その間に空間はない．陰圧になっているために，胸郭が外側に拡がれば肺はそれに引かれて拡がり，胸郭が縮むと肺も縮む．胸郭は外に拡がろうとする弾性力を持ち，肺は縮もうとする弾性力を持っている．安静呼気位，すなわち普通の呼吸で息を吐き終わったところでは，その弾性力がちょうど釣り合っている．その状態での肺の容量を機能的残気量と呼んでいる．普段，この肺気量から息を吸うと肺が膨らみ，空気が取り込まれる（図 1.3）．

b. 呼吸筋

胸郭が拡がったり縮んだりするのは，胸壁を取りまく呼吸筋の収縮と肺および胸郭の弾性による．その中でも呼吸筋は能動的に胸郭を動かし，肺への空気の出し入れを行っている．

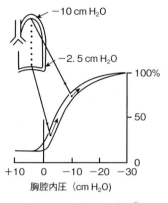

図 1.3　胸腔と胸腔内圧[4]

1) 筋肉の種類とタイプ

筋肉には骨格筋，心筋，平滑筋の3種類がある．心筋は文字通り心臓の拍動を起こす筋肉であり，平滑筋は消化器や気道，血管などの内臓を中心として構成されている．この両者は自分の意思で動かすことができない不随意筋である．一方，骨格筋は骨格に付着している筋肉であり，意思で動かすことができ，随意筋と呼ばれている．呼吸筋は骨格筋であり，随意筋であるが，他の骨格筋と異なり，自動性の神経活動により不随意性にも収縮している．人体には約400の骨格筋があり，体重の約50%を占めている．骨格筋の主たる成分は水で75%を占め，次でタンパク質が20%を占めている．

骨格筋を顕微鏡で見ると，多数の横紋が認められる．この構造は心筋や平滑筋にはないため，骨格筋は別名，横紋筋とも呼ばれている．この横紋筋の周囲には多数の血管，神経があり，それが筋肉とともに1つの束を作っている．その束の両端は腱と呼ばれる結合組織からなり，骨や靱帯，皮膚などについている．筋束の端は筋頭と筋尾と呼ばれ，身体の中心に近い部位につく部分を起始と呼び，中心から離れた部位を付着と呼んでいる．起始は固定されているので固点とも呼ばれるが，付着は筋肉の収縮により移動するので動点と呼ばれることがある．

骨格筋の筋線維は機能面からタイプI，タイプIIA，タイプIIBの3つに分けることができる．タイプIは筋線維の中でも細い線維で，ミトコンドリアを多量に含んでいる．ミトコンドリアは酸素を多く取り込み，エネルギーを作る能力が高く，中に含まれる酸素系酵素の活性が高い．酸素を多く取り込むのでミオグ

ロビンを多量に含み，赤色に見える．そのため赤筋とも呼ばれている．収縮する速度は遅いが，その分持続性にすぐれている．タイプⅡの線維は2種類あり，ⅡBはⅠに比べ筋束が厚く，重厚感のある筋肉でミトコンドリアが少なく，ミオグロビンも少ない．そのため見た目は白く見え，白筋とも呼ばれている．またⅠと異なり，酸素を使わずにエネルギーを作り出す解糖系酵素活性が高い．その特徴は収縮速度が速いことであり，瞬発性の動きに適しているが，持続力は弱い．タイプⅡAはタイプⅠとタイプⅡBの中間的存在である．四肢，体幹の筋は年齢とともにその収縮力，収縮特性が衰えてくる．特にタイプⅡの衰えは目立ち，線維は萎縮し，瞬発力は極端に落ちてくる．高齢者ではタイプⅠが中心となって働くようになるが，タイプⅠも徐々に脂肪沈着などが起こり，その働きは弱くなる．さらにタイプⅠの動きのもととともなる筋肉内のミトコンドリアの量も減少してくるため，酸素を十分に使って筋肉を動かす能力も衰えてくる．老化による衰えは，筋肉そのものだけではない．筋肉を収縮させる神経も衰えてくる．脊髄からは筋肉を支配する運動神経が出ているが，脊髄内の運動神経細胞も衰え，神経性活動が減弱する．筋肉を含めこの神経を運動単位と呼ぶが，この運動単位の数が減少してくることも高齢者における筋収縮力の減少を大きくしている．後の章で詳しく述べるが，この筋収縮運動単位の活動を維持するためには動くことが必要であり，フィジカルアクティビティを維持することが重要である．

2) 呼吸筋のしくみ

呼吸筋は骨格筋であるので，骨格筋としての性質を持ち合わせている．呼吸筋は胸壁，腹壁に存在し，胸郭を動かしている．収縮すると胸郭を広げる作用のある呼吸筋を吸息筋と呼び，胸郭を縮める働きのある呼吸筋を呼息筋と呼んでいる[†1]．図1.4に呼吸筋の種類と分布を示す[5]．左側に吸息筋を，右側に呼息筋を示している．部位別に大きく分けると，頸部の筋肉，胸壁の筋肉，腹壁の筋肉となる．どの筋肉も重要であるが，安静時に働いている筋肉は常に呼吸調節を受けて

[†1] 呼吸における収縮が遅く持続性のある酸素系線維のタイプⅠ，酸素系であるが収縮の速いタイプⅡA，そして収縮の速い非酸素系で解糖系のタイプⅡBの分布は以下の通りである．
　横隔膜では50%の線維がタイプⅠであり，タイプⅡAとタイプⅡBはそれぞれ25%を占めている．この割合は四肢の筋肉と同じである．肋間筋では62%がタイプⅠ線維で，タイプⅡAは内肋間筋で35%，傍胸骨内肋間筋と外肋間筋では22%である．したがって，呼息筋である内肋間筋のタイプⅡB線維はたった1%であり，その他の肋間筋は19%となる．肋間筋の特徴は横隔膜や他の四肢の筋肉に比べタイプⅠ線維が10%も多いことである．このことは肋間筋が酸素を使い，ゆっくりとした持続性の収縮に勝っていることを示している．

1.3 呼吸調節

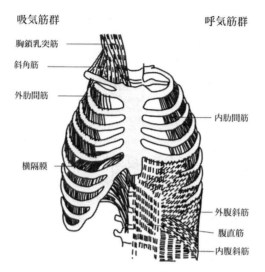

図 1.4 呼吸筋[5]

いる筋肉であり，重要な呼吸筋といえる．安静時に働いている吸息筋としては頸部の斜角筋，胸部の傍胸骨内肋間筋，外肋間筋と横隔膜である．横隔膜は胸壁と膜壁を隔てており，外から触れることができない．横隔膜は上に凸のドーム状の形状で腱が多く，筋肉は胸骨部，肋骨部と腰椎部に存在し，呼吸筋の中では強力な収縮力を発揮する筋肉である[†2]．この筋肉が収縮すると，凸のドームがなだらかになり，下部胸壁が外方に拡がる．また腹腔を圧迫するため，腹壁が膨らんでくる．この状態から，横隔膜の収縮による呼吸を横隔膜呼吸あるいは一般的に腹式呼吸と呼んでいる（図 1.5）[6]．

胸壁の肋間筋は外層の外肋間筋と内層の内肋間筋から成り立っているが，内肋間筋よりさらに内側には，胸横筋や最内側肋間筋と呼ばれる筋肉があり，実際には3層に分けられている．この最内層の筋肉はほとんどが働いていない．外肋間筋と内肋間筋は肋間の間で上位肋骨と下位肋骨に起始付着している．外肋間筋の起始は上位肋骨であり，付着が下位肋骨である．内肋間筋は逆で起始が下位肋骨，付着が上位肋骨である．外肋間筋の起始が上位肋骨にあるため，その収縮では下位肋骨が外側に持ち上がり，胸壁は膨らむ．逆に内肋間筋が収縮すると上位肋骨

[†2] 肋骨部の筋肉は肋骨の後壁から起こり，中心に向かって放射線状に分布する．肋骨部の筋肉は第7肋骨から第12肋骨までの6つの肋骨の内面から起こり，中央に向かっている．腰椎部の筋肉は第1～第3腰椎から起こり，中央に向かっている．中央腱と呼ばれているが，腱でありながら骨に付着していない．

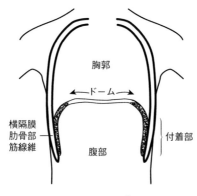

図 1.5 横隔膜[6]

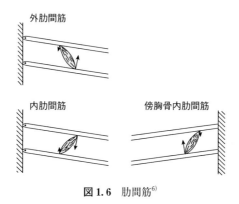

図 1.6 肋間筋[6]

が下方に引っぱられ，胸壁は縮まる（図 1.6）[6]．したがって，外肋間筋は吸息筋，下位肋間筋は呼息筋といえる．この吸息，呼息での肋骨の動きはバケツのハンドルの動きに似ているためバケットハンドルムーブメントと呼ばれている．内肋間筋には胸骨近傍にある傍胸骨内肋間筋がある．この部位では肋間筋は1層に存在していて，内肋間筋のみである．この肋間筋が収縮すると下位肋骨は挙上する．そのためこの傍胸骨内肋間筋は吸息筋に分類される．実際，安静呼吸でもこの筋肉の活動が吸息時に記録される（図 1.7）[7]．腹壁には，腹直筋，外腹斜筋，内腹斜筋と腹横筋の4種類の腹筋が存在する．外腹斜筋が最も外層に存在しているが，これら腹筋が収縮すると下部胸壁は内下方に引っ張られるため胸壁，腹壁は縮む．腹筋は呼息筋といえる．

　頸部には首を動かしたり肩を持ち上げたりする筋肉が多数存在している．それ

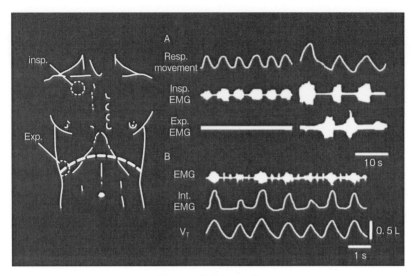

図 1.7 呼吸筋 EMG[7]
左　筋電図記録部位．insp：吸息肋間筋，Exp.：呼息肋間筋．
右　呼吸運動と筋電図．Insp. EMG：吸息肋間筋，Exp. EMG：呼息肋間筋．EMG：横隔膜筋電図，Int. EMG：横隔膜筋電図積分値，V_T：換気量．

らは鎖骨を持ち上げたり背中をそらす働きのある筋肉が多く，吸息筋として働いている．斜角筋，胸鎖乳突筋，僧帽筋などがある．斜角筋は安静呼吸時にも吸息筋として働いている．脊柱に沿って縦に走る脊柱起立筋は姿勢を保つうえで最も重要な筋肉であるが，この筋肉も吸息筋である．

c. 呼吸運動調節

骨格筋の収縮は神経によって支配されているが，ある運動を遂行するためには，多くの調節系が関与している．大脳皮質運動野の前運動ニューロンから出る指令だけでは，適切な運動を遂行することはできない．運動の指令は実際に動く効果器（ここでは筋肉）からの情報があってはじめて成り立つ．運動の遂行情報を伝える感覚器官の代表が，筋肉の中に多数含まれる，筋紡錘という器官である．人では長さ数ミリで中央が膨らんでいるために筋紡錘という名がついている．

筋紡錘の中には2つの線維があり，1つは中央が膨らんでいる．そこには第1次終末という神経端末があり，ここが感覚器になっている．もう1つの神経終末は第2次終末と呼ばれている．どちらも伸展される，すなわちストレッチされる

と活動する．第1次終末はダイナミック（動的）なストレッチに反応し，第2次終末はスタティック（静的）なストレッチに反応する．筋肉が伸ばされた時に反応する感覚器であるが，この感覚器の両端には筋肉線維が存在している．この筋肉線維が収縮すると感覚器はやはりストレッチされ，活動する．筋紡錘内にあるため，この筋肉繊維を錘内筋と呼んでいる．一般的な筋肉を錘内筋に対して錘外筋と呼ぶこともある．錘内筋は錘外筋と同様，運動神経支配を受けており，この運動神経をガンマ（γ）運動神経と呼んでいる．一般的な筋肉を支配している運動神経はアルファ（α）運動神経である．筋肉を収縮させる時にはこのα運動神経が働くが，同時にγ運動神経も活動しているため筋肉が短縮している時でも感覚器には適当な負荷が加わっている．このαとγ運動神経の同時活動をα-γ関連と呼んでいる．このα-γ関連の役割については呼吸筋から明らかとなった．呼吸筋の活動は自働性であるが，その調節の1つが呼吸筋の筋紡錘からの情報によって行われている．空気の通り道である気道が細くなったり，胸郭が硬くなると，呼吸筋の運動が妨げられ，錘外筋は短縮しづらくなる．同じ収縮力では胸郭を拡げたり，縮めたりすることができなくなる．しかし錘内筋はγ運動神経により収縮し，錘外筋の短縮が妨げられている時でも短縮するため，結果的に線維の中央にある感覚受容器は伸展（ストレッチ）されることになる．感覚器は興奮し，その活動は求心性感覚神経であるIaを上行し，脊髄に達する．Iaは脊髄の運動ニューロンにシナプスを結合しており，運動ニューロンを興奮させる．反射性に呼吸筋はより強い力で収縮するようになる．この呼吸筋の活動増強は反射性に無意識のうちに行われ，この反射を負荷補償反射という[7]．骨格筋の中で肋間筋には筋紡錘が最も密に存在しており，負荷補償反射が強く働いている．呼吸筋の中で横隔膜には筋紡錘が存在するが，機能的にはほとんど働いていない．横隔膜は強く収縮する筋肉で換気にはとても有効であるが調節系は働いていない．この筋紡錘からの情報は脊髄ばかりでなく，脳にも届いて，不快な感覚なども引き起こす．

1.4　呼吸と脳

a.　呼吸に関する脳からの経路

　呼吸の大きな目的は，体の状態に合わせて体内の二酸化炭素の量と酸素の量を調節することである．特に二酸化炭素の量は体の酸・アルカリの度合いを変える

1.4 呼吸と脳

ため,生体のホメオスタシスを保つうえで,常に微細な調節が行われている.肺と外界との空気の出し入れは,胸郭を拡げたり,縮めたりする呼吸筋の力によっており,脳には呼吸筋の収縮を支配する呼吸中枢が存在している.二酸化炭素は酸素を消費するエネルギー代謝の産物として生成されるため,この調節による呼吸を代謝性呼吸と呼んでいる.代謝性呼吸を担う呼吸は,呼吸中枢において無意識のうちに作り出されているため,不随意呼吸(involuntary breathing)あるいは自働性呼吸(autonomic breathing)と呼ばれている.また,我々は意識的に呼吸をしばし止めたり,大きく呼吸することができる.この呼吸は随意性呼吸(voluntary breathing)と呼ばれている.さらに,呼吸は気温の変化など外部環境やホルモンの変化など内部環境の変化によって自働性に変化する.これらを含めて代謝性呼吸に対し,行動性呼吸(behavioral breathing)と呼んでいる.随意性呼吸運動の下行経路は皮質脊椎路(corticospinal tract)であり,行動性呼吸にはその他,赤核脊髄路(rubrospinal tract)も存在する(図1.8).行動性呼吸には様々なものがあるが,発声もその1つである.発声には空気を吐き出す呼息筋のみでなく,発声のために最初に空気を吸い込む,吸息筋の活動も必要であり,これらの筋は発声時には代謝のための換気調節は受けていない.したがって発声中には血中 CO_2 はホメオスタシスをはずれて変化してくる.止めどもなく話をしていて話し終わると息が上がるが,これは話をしている間代謝のために換気不足になっており,話し終わると代謝性呼吸調節により換気が盛んとなるため

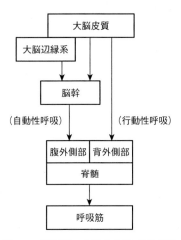

図1.8 呼吸筋を支配する脳-脊髄経路

である.時には息苦しさも伴う.発声中には行動性呼吸調節が優位になっており,代謝性呼吸調節は抑制されている.話をしている時には息苦しさを感じず,話し終わると息苦しさがよみがえってくる.ただ,慢性呼吸器疾患など病的に換気障害があり,常に呼吸困難感などの症状がある人では,代謝性呼吸調節が強く働いており,発声も満足にできない状態が起こってくる.発声に関して興味深いのは,声を出さず脳の中だけで話す,つまりサイレントスピーチの状態でも代謝性呼吸調節は抑制されている.

　不随意性呼吸は意識していなくても周期性の呼吸を続けているため自働性と言えるが,血管や心臓,内臓を支配する自律神経とは異なり,自働性呼吸運動は体性神経支配である.代謝性呼吸を担う呼吸中枢は脳幹内の延髄,橋に存在し,下行経路は網様体脊髄路(reticulospinal tract)である.網様体脊髄路は脊髄内では脊髄の腹外側柱(ventrolateral column)を下行する.一方,随意性の皮質脊髄路は背外側柱(dorsolateral column)を下行する(図1.9)[9].

　随意性呼吸中枢あるいはその経路,さらに脊髄の背外側柱が障害されると随意的に意識して呼吸することができなくなる.多くは脳幹以外の脳が広く障害されている場合であり,脳波上もフラットになることが多い.脳幹が障害されていなければ呼吸は止まることがなく,自発性に呼吸運動は続くため生命は維持される.一方,脳幹の呼吸中枢が障害されると,不随意性の自働性呼吸ができなくなる.覚醒時には随意性呼吸中枢で補えるため,呼吸は止まることはないが,問題は睡眠時であり,意識がなくなると呼吸が止まりやすくなる.これは中枢性睡眠時無呼吸(central sleep apnea)と呼ばれる.一般的に多いのは中枢性よりも末梢性

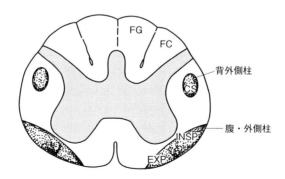

図1.9 呼吸と脊髄[9]
CS:脊外側柱,INSP:吸息,EXP:呼息.

に起きる閉塞性睡眠時無呼吸（obstructive sleep apnea）である．睡眠時1時間に10秒以上呼吸が止まる回数が5回以上になるとこの診断が適用され，最近では成人男性の5人に1人は睡眠時無呼吸症候群（sleep apnea syndrome：SAS）であると言われている．

b. 呼吸リズム産生機構

　代謝性呼吸は下部脳幹の延髄と橋で作られているが，呼吸リズムを最初に作っているニューロンは何か．生理学的には，リズムはペースメーカー細胞か抑制性のニューロンのネットワークで作られている．呼吸はどちらで作られているのか，呼吸中枢の研究ではこの点が最大のテーマとなっていた．1世紀以上にわたって論争になってきたのには，呼吸のペースメーカー細胞が見つかっていないことが大きかった．しかし1987年に新生ラット摘出脳幹-脊髄標本を用いた研究で，吸息の直前に発火し呼吸リズムを引き起こすペースメーカー細胞が発見された．このニューロンをPre-Iニューロンと呼び，その後このニューロンを中心としたニューロンネットワークで呼吸リズムが作られていることが明らかとなった（図1.10）[10]．図1.10では延髄両側腹側表面から記録したPre-Iを示している．同時に頸髄C_4の根（横隔神経根）から呼吸性活動を記録している．標準溶液中ではそれらは同期して出現しているが，低Ca，高Mg溶液中で記録すると，シナプス活動を抑制されるため，C_4の活動は消える．しかし両側のPre-I活動は相変わらず出現しており，このPre-Iは他の神経細胞との連絡がなくても自発性のリズムを産生するペースメーカー細胞の可能性を示唆している．このPre-Iの自発活動は残るが，他の神経細胞とのシナプス結合は切れていないのでPre-Iどうしのつながりはなく左右のPre-Iは独立してリズムを生み出している．図A'に示すように延髄の電気制御によりリズムがリセットされるが，低Ca，高Mg溶液下では刺激をしても活動は生まれない．Pre-Iニューロンは脳幹の腹側に存在しており，特に傍顔面神経核に多く存在している[11]．近年，生理学的研究はラット，マウスを用いるようになっており，これら小動物では呼吸性活動を示すニューロンは脳幹の腹側部に集中している．1980年頃まではネコとイヌが対象であり，これらの動物では延髄の背側部にも呼吸性ニューロンが多数存在している．延髄の孤束核を中心とした背側部のニューロン群を背側呼吸神経グループと呼び，腹側部のニューロン群は腹側呼吸神経グループと呼ばれていた．しかし，呼吸リズ

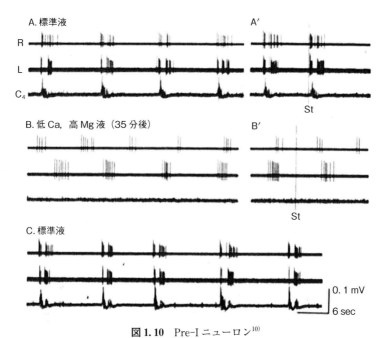

図 1.10 Pre-I ニューロン[10]
R：延髄右側，L：延髄左側，C_4：横隔神経根．
A：標準液中での Pre-I と横隔神経根活動．A′：延髄電気刺激．B：低 Ca，高 Mg 液によりシナプス活動がブロックされる．B′:延髄電気刺激．C:標準液に戻す．

ム産生に関してはネコでも腹側呼吸神経グループが中心であると考えられていた．特に重要なニューロン群が腹側呼吸神経グループのさらに吻側部にあり，ベッチンガー複合体（Bötzinger complex）と呼ばれている．最近ではベッチンガー複合体の尾側部に呼吸リズム産生の中心があると言われ，プレ・ベッチンガー（Pre-Bötzinger）と呼ばれている．延髄の呼吸ニューロンは発火パターンから多くのタイプに分けられている．出力系の中心となるのが，吸息あるいは呼息の間，徐々に発火頻度が高まっていく漸増型ニューロンであり，吸息，呼息それぞれ I-Aug, E-Aug と呼ばれている．これらのニューロンは脊髄の呼吸運動ニューロンに出力を送っている延髄・脊髄ニューロン（bulbo-spinal neuron）である．

1.5　情動と呼吸

呼吸の重要な役割はエネルギー代謝に必要な酸素を取り入れ，体内の二酸化炭素の量を調節し，生体の酸塩基，平衡を一定に保つことであり，このために必要

な呼吸機能をまとめて代謝性呼吸と呼んでいる．前述したように，この代謝性呼吸の調節は脳幹に存在する呼吸ニューロンにより行われている．しかし呼吸は意識的に変えることができ，随意的にしばし呼吸を止めたり，大きくしたりすることができる．このような呼吸の随意性調節は大脳皮質で作られており，第1次運動野を刺激すると横隔膜や肋間筋など呼吸性の筋肉が収縮する．ヒトの脳神経細胞を刺激する方法として磁気刺激法があるが，第1次運動野の頭頂部から1 cm後方を刺激すると，呼吸筋を動かすことができる．ネコの実験において頭頂部の左側を電気刺激すると対側の肋間筋の収縮を引き起こし，脊髄下行経路の背外側部，すなわち皮質脊髄路を切断すると，この反応は起こらなくなる．しかしこの時，自発性呼吸は残っており，呼吸における皮質からの随意性経路と脳幹からの不随意性経路の2つの経路は脊髄の中での異なった経路であることがわかる．しかしこの両経路は全く独立して存在しているわけではなく，大脳皮質からの経路は脳幹の呼吸中枢にも出力を送っており，行動性呼吸は代謝性呼吸にも影響している．それは前章で述べたように，スピーチで呼吸筋を使っている時には代謝性呼吸は抑制されるのである．代謝性呼吸は不随意性の自働運動であるが，不随意的な自働性の呼吸運動は代謝性呼吸だけではない．情動の変化とともに呼吸も変わってくるので，大脳辺縁系の不随意性運動調節が呼吸の機能と連動していることになる．呼吸中枢からすれば，呼吸の運動制御機構を代謝性呼吸と行動性呼吸に分けるのではなく，3つの中枢から分けた方が良いかもしれない．その場合，大脳辺縁系で生まれる呼吸は情動性呼吸ということができる．我々はふだん何げなく呼吸しているが，この呼吸は代謝性呼吸と情動性呼吸により制御されていることになる（図1.11）．

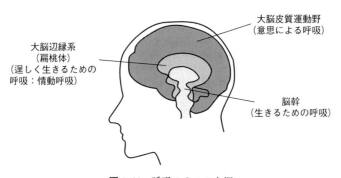

図1.11　呼吸の3つの中枢

a. ヒトにおける情動と呼吸

　米国生理学会が編集している Handbook of Physiology の Section3 は呼吸器系 (The Respiratory System) である．その中の Volume II には呼吸調節 (control of breathing) が説明されている．その Part1 の 1 章の最初の図に，ある 2 つの曲を聴いた時の被験者の呼吸パターンが示されている（図1.12）[12]．1 つは耳をつんざくようなキンキンする曲（ストックハウゼン作曲）であり，被験者の呼吸は激しく乱れている．もう 1 つはショパンのピアノ協奏曲を聴いている時であり，呼吸は安定して落ち着いている．被験者は最初の曲では不快を感じ，後の曲では快感に浸っていた．その図の解説では，呼吸には非代謝性の影響が強く及ぶ，とある．特に覚醒時や，精神高揚をしている時などには，より上位の中枢からの入力が働くと述べている．覚醒時での呼吸の変化はホメオスタシス（生体恒常性）と行動性要求により呼吸は複雑に制御される．したがってホメオスタシスから得られる換気の二酸化炭素反応曲線は，その時々の行動性変化によって常に変わりうる．動物でよく見られる匂いを嗅ぐ動作であるスニッフィングでは呼吸はきわめて浅くて速い．また物を飲み込むサッキングでも呼吸の連携が欠かせない．ヒトにおいては呼吸に対する行動性の影響はさらに大きく，前述した声を出すこと，そしてスピーチでは呼吸はホメオスタシスの目的からは大きく外れている．運動時の呼吸も同様であり，様々な中枢調節機構が異なる呼吸パターンを作り出しており，それぞれの役割を担いつつ，ホメオスタシスを保つ自働性の呼吸調節システムと協調しながら，それぞれの機能を遂行している．

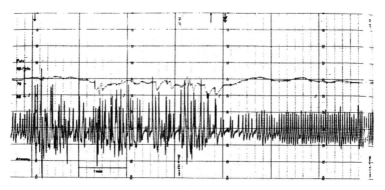

図1.12　2つの曲を聴いた時の呼吸の変化[12]
　　　　左：ストックハウゼン，右：ショパン．

睡眠中の呼吸には行動性の影響が入らないので純粋にホメオスタシスの呼吸システムの管理下にあると考えられるが，睡眠自体がそのために多くの機構を動かしており，呼吸に対してもホメオスタシスの機構に影響し，干渉している．睡眠は大きく，徐波睡眠（slow wave sleep：SWS）とレム睡眠（rapid eye movement：REM）に分けられるが，二酸化炭素反応曲線は右にシフトし反応が落ちる．すなわち，睡眠中の呼吸は CO_2 に対して反応が悪くなり，特に深い睡眠では反応が極端に落ちる．徐波睡眠では呼吸はゆっくり安定しているが，レム睡眠では呼吸はイレギュラーになり時に速くなる．この反応は決してホメオスタシスのための呼吸反応ではなく，レム睡眠でのメカニズムからの影響と考えられる．ホメオスタシスより優先的に働いていることになる．ホメオスタシスのための呼吸とホメオスタシス以外の目的で働く呼吸，どちらが優先されるかはその時の行動性変化の強さにもよるが，行動性変化の目的が達せられればただちにホメオスタシスのための呼吸に戻り，ホメオスタシスを保つためにその機構が強く働いている場合には行動の制限が起こってくる．ホメオスタシスより長い時間優先し，支配するようになると様々な不都合が生じ，異常となって現れてくる．ホメオスタシスのための代謝性呼吸は生きていくために必要な呼吸機能であるが，ふだん我々はこの機能だけでは生活をしていくことはできない．様々な行動が必要であり，その時の呼吸はホメオスタシスの呼吸とは異なっている．脳を持つ動物は必ずホメオスタシス以外のための呼吸を持ち合わせている．そして脳が高度に発達すればするほどより高度な脳機能が備わるようになり，それに伴い呼吸も，様々な要素から変化するようになる．

b. 不安と呼吸

感情，あるいは情動は，身体の変化を伴って出現する．ヒトに限らず動物は恐れや，不安を抱くと行動性の変化が現れ，身体に備わった自律性の変化がそれに伴って生じる[13]．特にヒトにおいては情動変化と心拍数や血圧の変動との関連が生理的研究により示されている．呼吸に関しては，覚醒の度合いが強くなることで呼吸数の増大が起こる．不快な音や自然界のノイズを聞いてた時でも，嫌なものを見た時の視覚情報によっても呼吸は変化し，情動との関連性を持つ．呼吸は情動に伴って起こる1つの生理的反応である，と捉えられていたが，最近，呼吸がもっと情動に近いところにあることがわかってきた[14]．情動に伴って起こる呼

吸の変化はそれぞれヒトの個性に関係していることもわかってきた．感情あるいは情動には，恐れや不安などのネガティブな感情と，喜びや幸せなどのポジティブな感情に大別される．ポジティブな情動が強く働くことは，社会において他の人々との繋がりを大切にし，社会や秩序を保ち協調していくための行動に影響し，ネガティブな情動は自分自身が，あるいは自分自身だけが生きていくために必要な行動として現れてくる．ネガティブな情動は他の人との摩擦を生み，社会の不安定化を進めてしまう最も気をつけなくてはならない情動で，他のネガティブな情動を引き出すもととともなっている．不安情動では頭痛や動悸，息切れ，胃の痛みなど多様な身体症状を訴える．不安は誰でも持つ情動であるが，長く続くと上述した身体症状が現れ，これを不安症候群と呼んでいる．日本での統計ははっきりしていないが国民の約 10% がこの不安症候群になっていると言われている．米国では 18 才以上の成人 4000 万人がこの症候群に苦しみ，その数は増加していると言われている．実に人口の 20～30% が不安症候群を抱えていることになり，米国の精神疾患の中で最も多くなっている[15]．

　不安は代表的なネガティブな情動であるが，この不安と呼吸に関する研究が行われている（図 1.13）[16]．予期不安と呼吸の研究では心理学的なスコアと呼吸変化の関係が示された．予期不安実験では被験者の指に電気刺激用の電極を取りつけ，2 分以内に電気ショックが来る，と被験者に伝える．その 2 分の間，被験者は電気ショックがいつ来るかと不安になる．これが予期不安である．この一連の

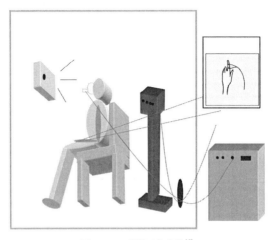

図 1.13　予期不安実験[16]

実験の間，被験者の呼吸をモニターし，生理学的変化を捉えるとともに，不安心理度を測定し，心理学的変化を捉えた．不安尺度としてSpielbergerの状態・特性不安尺度（state trait anxiety inventory：STAI）を用いている．状態不安度，特性不安度とも20の質問から成り立ち，ほとんどない，ときたま，しばしば，しょっちゅう，という4つのレベルから1つ選び出す方法である．4つのレベルは1点から4点に点数化され，最高が80点，最低が20点の範囲の中に組み込まれる．評価段階の基準が設けられていて，男女では数点の違いはあるがだいたい状態不安度では30点から40点が，特性不安度では33点から45点が普通の部類に入ってくる．それ以上の点では不安度が高く，以下では不安度が低いことになる．状態不安度数はその時々の不安度を示し，特性不安度はそもそもその人が持ち合わせている，その人の特性を示す不安度を示している．予期不安の間，被験者の呼吸数は増加し，浅く速い呼吸になる．しかし，その呼吸の変化は不安度に反映されており，特性不安度が高い人ほど呼吸数の増加が顕著に現れる．特性不安度と呼吸数の変化との間には正の相関が成り立ち，不安度に関する個々人の特性が呼吸数の変化と強い関連を持っていることがわかる（図1.14）[16]．この不安度という心理的変化と呼吸という生理的変化との間に強い関連性があるため，呼吸の変化を知れば，その人の不安度を推し量ることができることになる．このように，一見それほど密接な関係があるようには思えない心的変化と身体的変化の関連性が，脳の研究によっても明らかになってきている．

ヒトの脳機能局在を調べる方法は，近年目覚ましい進歩を遂げている．fMRI，

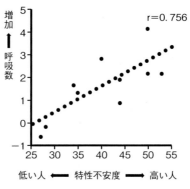

図1.14　予期不安時の特性不安度と呼吸数の変化[16]

脳磁図，NIRS や脳波ダイポールトレーシング法など，それぞれの方法は時間分解能や空間分解能で特徴を持っている．特に fMRI は格段の進歩を遂げており，その空間分解能の良さに加えて，不利とされる時間分解能の改良が進められている．しかし，それでも時間分解能は数秒であり，ミリ秒で推定する脳磁図や脳波にはかなわない．脳波から脳内神経活動部位を推定する脳波ダイポールトレーシングでは，その欠点である空間分解能の悪さを補正して，より正確に活動部位を示す方法がとられている．脳波は脳内活動が脳表面まで伝導してくる電位を脳表面に装着した電極で捉えるものであるが，脳内の組織による導電率の違いが空間分解能を悪くしている．そのため，皮膚，骨，脳実質の導電率を考慮した推定法が作られており，これを3層頭蓋モデルによる脳波ダイポールトレーシング法という．さらに3層に脳脊髄液の導電率を加えた4層頭蓋モデルも提唱されている．脳内に仮に活動部位を置き，シンプレックス法により，その仮に置いた電源から作り出される頭皮上の各電極の電位変化が実際に記録されている電位変化に近づくまで，脳内で仮の電源を動かしていく方法である．コンピュータの進歩とともに CPU の性能が上がり，計算が速くなり，推定法の改良とともに，ほぼリアル

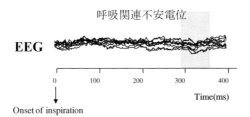

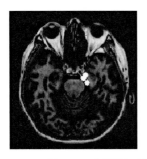 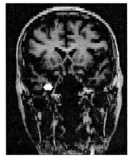

図 1.15　呼吸関連不安電位と電源の位置[17]

タイムに電源の位置を推定することができるようになった．Windows パソコンで動かせるソフトを「Brain Space Navigator：BS-navi」という．

予期不安実験において，被験者が不安に思っている間，脳波上には呼吸に同期して，活動が記録されている．吸息開始から 300～400 msec に陽性波が観察され，この電位を Respiratory-related Anxiety Potential（呼吸関連不安電位）と呼んだ．この電位の電源は BS-navi で扁桃体に推定された（図 1.15）[17]．この電位自体は不安度の高い被験者に出現し，不安度の低い被験者には現れなかった．

c. 扁桃体と呼吸リズム

予期不安実験で扁桃体に活動部位が推定されたが，扁桃体が呼吸と関連があるかどうかは内側側頭葉てんかん患者で示されている．てんかん患者で発作を起こすもととなる脳内焦点が限局している場合には，外科的にその焦点を摘出する．左扁桃体に焦点がある内側側頭葉てんかん患者の摘出手術前後の不安度と呼吸を調べている．手術前には高かった不安度が手術後には減少し，予期不安にも反応していない．また呼吸数も術後には下がり，やはり予期不安でも上昇しなかった（図 1.16）[18]．また，内側側頭葉てんかん患者にいくつかの表情を示す写真を提示したところ，扁桃体摘出後には「恐れ」を示す写真の顔を認知できないという報告もある[19]．深部電極を脳内に挿入し，それにより発作のスパイク発生部位を特定するとともに，微弱の電流を流し，患者の発作直前の感覚と似ているかどうかを検査する．扁桃体の部位の電極からスパイクの発生が捉えられた患者で刺激を与えると呼吸数の増加が認められている[20]．扁桃体の刺激では恐れなど情動変化を引き起こすことが示されているが[21]，呼吸に対しても強い効果を示す．不安の活動が呼吸リズムに乗って出現してくるが，そのことは呼吸リズムが速くなればなるほど不安活動も高まることを示している．

動物実験において，扁桃体を電気刺激すると呼吸数が増大することは 1980 年代から示されている[22]．それらは *in vivo* の研究であり，*in vitro* による詳しい実験が必要である．しかし，脳神経細胞の *in vitro* の生理学的研究においてはどうしても脳切片を使ったスライス実験しかできない．そのスライス切片も厚さ 500 ミクロンがせいぜいであり，脳内の様々な神経細胞との関連を示すには無理がある．前述したような新生ラットの脳幹-脊髄標本では最終のアウトプットの横隔神経との関連を調べることができ，記録した神経細胞の活動が呼吸のどの相で出

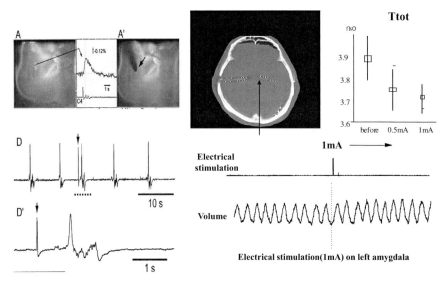

図 1.16 新生ラット摘出大脳辺縁系-脳幹-脊髄標本(左)とてんかん患者の埋め込み深部電極による刺激効果(右)[20,23]
左上:扁桃体電気刺激部位.
左下:頸髄 C_4 の呼吸リズム活動が電気刺激により誘起され,呼吸リズムがリセットされる.
右上:深部電極の位置と Ttot(呼吸のサイクル時間)の変化.Ttot は減少し呼吸は速くなる.
右下:呼吸運動記録.刺激により呼吸が速くなる.

現してくるのかを明らかにすることができる.

　扁桃体の活動を記録するために,標本をさらに上位で切断し,大脳辺縁系-脳幹-脊髄標本が作製されている.この標本を用いて,扁桃体に横隔神経の活動と同期する活動が出現していることが明らかにされた(図 1.17)[23].また,扁桃体の電気刺激により呼吸がリセットされ,新しいリズムになることも明らかにされている.横隔神経活動と扁桃体の活動の間にはきれいな相関が認められ,互いの活動がリンクしていることがわかる.大脳扁桃体と脳幹の境の部分を切断した場合,横隔神経には脳幹由来の呼吸リズムが現れ,扁桃体にも自発性リズムが出現している.しかし,両者の中間で切断されているとそれぞれのリズミカルな活動はもはや相関せず,独立したリズムを作り出している.両者がつながっている場合には呼吸のリズムは脳幹由来でなく扁桃体由来かもしれないが(図 1.18),この扁桃体での呼吸性リズムは扁桃体そのもので作られているわけではない.この in vitro の実験で,扁桃体の呼吸性リズムは梨状葉にその起源があることがわかっ

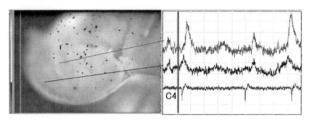

図 1.17 新生ラット摘出大脳辺縁系-脳幹-脊髄標本における梨状葉と扁桃体の活動[23]
左：梨状葉（左下）と扁桃体（中央）の位置．
右：電位依存性蛍光色素による光学的測定．上：扁桃体の活動．
中：梨状葉の活動．下：頸髄 C_4 の活動．

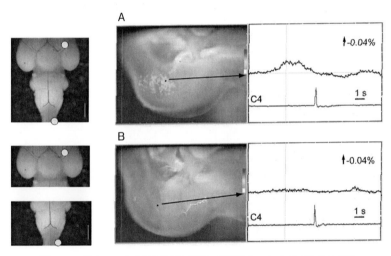

図 1.18 新生ラット大脳辺縁系-脳幹-脊髄標本における扁桃体活動[23]
A：切断前．扁桃体の活動は C_4 に同期して出現する．$n=35$．
B：切断後．扁桃体の活動は C_4 に同期しない．$n=35$．

ている．電位依存性の蛍光色素を用いた光学的な実験で，大脳辺縁系での呼吸性リズムは梨状葉にまず現れ，次いで扁桃体に伝播していた[22]．梨状葉は嗅覚の中枢であり，嗅覚とその認知に関係する扁桃体，嗅内皮質は梨状葉から間接的に入力を受けるルートと直接扁桃体に向かうルートがある[24]．この嗅覚での扁桃体を介する経路は恐れを引き起こす経路といわれている[25,26]．扁桃体は不安感情や，恐怖感情の中核的中枢であり，動物における最も原始的で，生後すぐに確立されなければならない機構である．嗅覚がその中心となるが，そこには呼吸リズムが

働いているのである．*in vitro* の動物標本では直接感情との関連を示すことはできないが，次のような研究も行われている．*in vitro* の標本では様々な物質をその標本に投与し，その効果を測定することができる．ストレス関連物質である副腎皮質刺激ホルモン放出ホルモン（corticotropin-releasing hormone：CRH）を扁桃体に投与すると扁桃体の自発性活動リズムが高まる[27]．CRH はストレスに関係し，脳内で高まると自律神経や行動に影響してくる[28]．CRH 拮抗薬はストレスを和らげる治療薬として使われている．特に不安や恐れなどの感情が強い場合にこの治療薬は有効であるといわれている[29]．また，脳幹の呼吸中枢により制御される代謝性呼吸では二酸化炭素量が増大すると呼吸リズムが速まるが，扁桃体でつくられる呼吸リズムは二酸化炭素量が減少した方が速まってくる．過換気症候群では過換気により二酸化炭素量が減少するといわれているが，二酸化炭素が減少し始めるとなおさら過換気が進むことになる．

　情動に関わる行動性呼吸が扁桃体を中心として動いていることが明らかになってきたが，そのメカニズムはまだまだ解明されていない．不安度と呼吸数が相関することが示されたが，扁桃体において，不安や恐れの情動とモノアミンの研究が数多く出ており，呼吸においてもドーパミンとの関連が示されている[30]．

d. 情動障害と呼吸

　成人の大うつ病障害は多く，若い人，特に思春期になると，女性を中心に増えてくる．大うつ病障害の 70% 以上は不安障害を伴っており，ネガティブな感情に苦しめられる[31]．感情だけでなく，心血管系の異常や代謝性疾患など体の異常も伴ってくる．うつ状態と体の異常のメカニズムから，うつ状態，あるいは不安の成因を解く研究が行われ始めている．迷走神経の求心性活動が扁桃体の活動や前頭葉の活動を抑制する，という研究もある[32]．迷走神経の活動も呼吸に関係するが，呼吸のパターンと情動障害の関係を調べた研究もいくつか出ている．多くは過換気症候群との関連だが，不安や情動障害の時には過換気になり，それが血中の二酸化炭素分圧を減少させる．健常者で予期不安時の呼吸数の変化と特性不安度の間に正の相関があることを示したが，不安の高い，あるいはうつ状態にある人はそうでない人に比べ，血中二酸化炭素濃度を示す，呼気終末二酸化炭素濃度が低く，呼吸数も有意に高いというデータが得られている[33]．

1.6 呼吸で心を癒す

　今までの呼吸は，脳幹における呼吸中枢がエネルギー代謝に必要な呼吸リズムを生み出す脳幹-呼吸-代謝という図式で語られていた．この図式による呼吸機能は生きるために必要な機能である．しかし，本書で取り上げている呼吸は，扁桃体における呼吸中枢が情動に必要な呼吸リズムを生み出す扁桃体-呼吸-情動という図式を作り出している（図1.19）．この図式による呼吸機能はたくましく生きるために必要な機能と言える．脳幹-呼吸-代謝においては代謝が変わると呼吸が変わり，正常状態では代謝に応じて呼吸が変わり体内環境を一定に保っている．扁桃体-呼吸-情動においては情動が変わると呼吸が変わり，呼吸が変わると情動が変わる．不安や怒り，恐れなどの情動が変わると呼吸は速くなる．そこで，呼吸を整える方法を学べばネガティブな情動の変化を和らげることができる．

a. 呼吸筋ストレッチ体操[34]

　もともと呼吸筋ストレッチ体操（respiratory muscle stretch gymnastic：RMSG）は呼吸器疾患患者の呼吸困難（息苦しさ）を和らげるために開発された．呼吸困難は呼吸運動に伴って起こる不快な感覚で，息が詰まるような，空気が入っていかない，窒息しそう，空気を吐き出せない，空気が足りない，胸が動かない，胸が硬い，など様々な表現があるが，それらをまとめて呼吸困難あるいは感覚を強調して呼吸困難感と呼んでいる．呼吸困難感の発生メカニズムに関しては多くの研究があり，中でも重要視されているものに呼吸運動の努力感（sense of effort）がある．これは呼吸に負荷が加わり努力性呼吸が強いられ，その中枢性出力をそのまま感受することで呼吸困難感になるというものである．

図 1.19 扁桃体-呼吸-情動

呼吸を刺激するものに低酸素と高二酸化炭素があり，それぞれ化学受容器で感受され，呼吸のドライブを高める．この2つの化学性刺激の中で高二酸化炭素は呼吸困難感を誘起するが，低酸素刺激は直接呼吸困難感を引き起こさない．一般的には低酸素状態になると呼吸困難感が高まるように思われがちだが，患者の中には低酸素血症が進んでいるのに呼吸困難感を訴えない人や，逆に十分酸素はあるのに呼吸困難感を訴える人がいる．気道に存在する受容器も呼吸困難感を引き起こす候補となる．イリタント受容器やC-線維末端受容器は刺激されると呼吸運動が高まるが，呼吸困難感に関してははっきりしていない．

もう1つ重要なものに「中枢-末梢ミスマッチ」がある．これは中枢の呼吸運動出力と末梢の動きとの間にミスマッチが生じることで，出力が大きいのに動きが小さいという場合に起こる．ここに末梢の動きの本体である呼吸筋の中の受容器が関係するという考えもある[35]．ここで関係する受容器は筋紡錘内の伸展受容器である．筋紡錘は長さ数mmの小さい器官で中央が膨らんでいるところから筋紡錘という名がついている．筋紡錘はどの骨格筋にも存在し，筋肉の運動調節に重要な役割を持っている．肋間筋には筋肉の中で最も密に筋紡錘が存在している．この筋紡錘の生理学的役割に関しても，肋間筋から初めて出ており，負荷補償反射と呼ばれている．呼吸に負荷が加わると呼吸筋が縮みにくくなり伸展受容器の働きで反射性に呼吸筋を収縮させるのである．ここで重要なことは，筋紡錘の中にも筋肉の運動線維が存在しているということである．伸展受容器は筋紡錘の中の核袋線維という線維の中央部分に巻きつくように存在し，感覚神経線維に繋がっているが，その核袋線維の両端には筋肉線維があり，筋紡錘の中にあるところから錘内筋と呼ばれている．この錘内筋はγ運動線維に支配され，いわゆる筋肉（錘外筋とも呼ばれる）を支配するα運動線維とリンクして働いている．これをα-γ連関と呼んでいる．したがって，α運動神経が活動し錘外筋が収縮する時にはγ運動神経も働き錘内筋も同時に収縮するのである．何らかの負荷が加わり錘外筋の収縮が妨げられると錘内筋は収縮するので，核袋線維の中央にある伸展受容器は伸展され，感覚神経の活動が高まる．この活動は，脊髄と脳の上位中枢を介して反射性に錘外筋を収縮させる．これが負荷補償反射である．ストレスなど心的負荷ではγ運動神経の活動が高まり，錘外筋の持続的収縮を引き起こす．呼吸筋においてはこの持続的収縮が感覚的にはミスマッチを引き起こし，呼吸困難感を引き起こす．気管支ぜんそくで呼吸困難感が生じている時には吸息筋

が持続性に活動している.呼吸筋ストレッチ体操は,息を吸う筋肉,すなわち吸息筋が収縮している時にその筋をストレッチし,息を吐く筋肉,すなわち呼息筋が収縮している時にその筋をストレッチし,末梢からマッチした信号を中枢に送る.これにより息苦しさを和らげることができる.

慢性閉塞性肺疾患(chronic obstructive pulmonary disease:COPD)の患者での体操の効果が調べられている(図1.20)[36].COPDの患者は労作時の呼吸困難が強く,運動が制限され,日々の生活の質を落としている.安静時でも呼吸困難感を訴える患者も多く,その患者を対象としたランダマイズ・クロスオーバー試験がある(図1.21)[37].試験にエントリーしたCOPDの患者をランダムに2つのグループに分け,一方のグループには呼吸筋ストレッチ体操を,もう一方のグループには呼吸リハビリ法として使われている抵抗管を加えて呼吸トレーニングをするスレッシュホールド法をそれぞれ1か月間行わせた結果を比較した.肺機能の変化を見ると,スレッシュホールド法で上昇していたのは最大吸気力,最大呼気力でそれぞれ有意に上昇していた.呼吸筋ストレッチを行った群では6分間歩行距離(6 MD)が延び,呼吸困難感も落ちていた.COPDの患者では呼吸困難感が運動制限要素となり,歩行距離が延びない.呼吸困難感に対する呼吸筋ストレッチ体操の効果は即時的にも現れ,体操の後では呼吸困難感は軽減している.呼吸筋ストレッチ体操の効果として肺機能上で明らかになったことの1つに機能的残気量の減少がある.1か月の施行後,スレッシュホールド法では変化がなかったが,呼吸筋ストレッチ体操群では機能的残気量が有意に減少していた.COPD

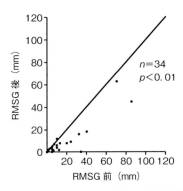

図1.20 COPD患者の安静時呼吸困難感に対するRMSGの効果[36]

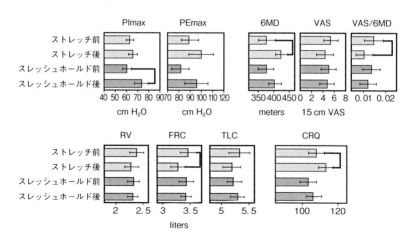

図 1.21 COPD 患者における呼吸ストレッチ体操とスレッシュホールド法の効果[37]
スレッシュホールド法では呼吸筋力は高まる．呼吸ストレッチ体操では機能的残気量が減少し，6 分間歩行距離が延びる．CRQ が上がる．
PImax：最大吸息力，PEmax：最大吸息力，6MD：6 分間歩行距離，VAS：呼吸困難感，RV：残気量，FRC：機能的残気量，TLC：全肺気量．

の患者の病態として深刻なのは肺の過膨張である．肺の過膨張が起こると必要な換気量を得るために吸息筋はさらに強く収縮しなくてはならないし，肺の弾性力も落ちているため，肺を縮めるために強い呼息筋の収縮が必要になる．呼吸筋ストレッチ体操により機能的残気量が下がるということは肺が過膨張している患者さんには有意になり，努力性呼吸も軽減する．

慢性呼吸器疾患（chronic respiratory diserse：CRD）患者用の生活の質を調べる CRQ（chronic respiratory disease questionnaire）と呼ばれる質問票がある．自信，情動，息苦しさを含めた点数はスレッシュホールド法を施行した群では変化はなかったが，呼吸筋ストレッチ体操を施行した群では有意に生活の質が高まっていた．呼吸筋ストレッチ体操を行うと呼吸がゆっくりとなり，不安度が軽減することも明らかになってきている．

情動と呼吸の関係，情動と自律神経の関係を明らかにすることは不安やストレス，情動障害の改善につながる．瞑想や様々な呼吸法が現実に取り上げられており，その科学的意味合いは呼吸という情動に密接に関係する生理機能から心を癒す方法として確立されていくであろう．図 1.22 に呼吸筋ストレッチ体操の動きと呼吸の仕方を示す．

1.6 呼吸で心を癒す

はじめる前に

まずは、腕を上げたり、腰を回したりして痛みなく動かすことができるか、確認してください。決して無理をせず、普段通りの呼吸に合わせてゆっくりとはじめていきましょう。

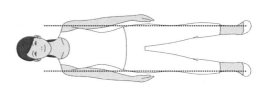

基本姿勢

両足を肩幅に開き、背すじを伸ばしてリラックスします。体が硬い方、痛みのある方は、転倒のおそれがあるので、はじめはイスなどに座って行ってください。

体操のポイント

ゆっくり呼吸する
体操を行う時は、鼻からゆっくりと吸い、口からゆっくりと吐くようにしましょう。

メリハリを大切に
ストレッチする部位を意識しながら、なるべくメリハリをつけて体操しましょう。

無理をしない
苦しい体勢をとらず、力を入れ過ぎず、痛みを起こさないように注意しましょう。

イラストの見本通りの姿勢でなくても、ストレッチ効果は得られます。自分にとって自然にできる姿勢で行ってください。

肩のストレッチ 〔吸う筋肉〕

① 息をゆっくり吸いながら、肩を上げていきます。
② 息をゆっくり吐きながら、肩を後ろに回してください。

ストレッチする部位
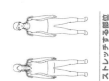

図 1.22 呼吸筋ストレッチ体操①

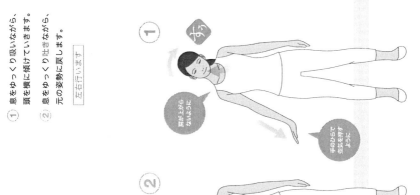

図 1.22 呼吸筋ストレッチ体操 ②

1.6 呼吸で心を癒す

下部胸壁のストレッチ 【せく呼吸筋】

① 頭の後ろで両手を組み、ゆっくり息を吸います。
② ゆっくり息を吐きながら、腕を上に伸ばし、背伸びをしていきます。元の姿勢に戻し、ゆっくり呼吸します。

胸のストレッチ 【せく呼吸筋】

① 腰の後ろで両手を組み、ゆっくり息を吸います。
② 息をゆっくり吐きながら、両腕を下へ伸ばしていきます。元の姿勢に戻し、ゆっくり呼吸します。

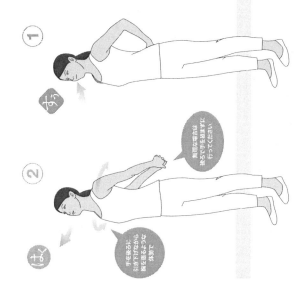

図 1.22 呼吸筋ストレッチ体操③

1.7 日本の伝統文化と呼吸

　文化は人々の住む地域，あるいは国により独特の様相を呈す．そしてその文化が長く伝承される時，そこには人々の共通した，あるいは共感した心が宿ってくる．日本文化は世界の中でもかなり特異な部類に入るかもしれない．それだけに海外においても日本文化を研究する人が増えている．その特異なところの大きなものは心の表象である．心の表象には2つの表現法がある．表情の変化や身振り，手振りで自分の心を表現する方法と，表情も変えず，態度も大きく変化させずに表現する方法である．前者は態度で外に表すところから外的表象と呼ぶ．それに対して後者は全く外に表さないで内面だけで表現するため内的表象と呼んでいる．日本人は古来よりこの内的表象を重んじる．悲しい時には涙など出さずに心のうちで泣け，うれしい時にはしゃぎまわるのははしたない，という教育をされてきた．他の人の気分を害したり，迷惑をかけてはならないという言葉だけではない教えが含まれているのである．日本人ではこの内的表象を通して"情"が生まれてきた．情動によってふだん付き合う人々や出来事に適切に反応することができるようになる．その情動によって他人との絆を強くすることができる．2011年3月11日に起こった東日本大震災では，被災地の人々は我先にという行動はとらず，あなたからという行動をとり，世界から絶賛された．西欧は「自己中心主義」であるが，日本は「他者中心主義」なのである．被災した避難所での日記に「3月16日昼メニュー①おにぎり1個②たまご1個．夜メニュー①おにぎり1個②うめぼし，つけもの③おつゆ」と書かれていた．つらくても他者を思い，決してつらさを表に出さないのである．西欧の精神療法からみれば，これはまずい心の表現になる．内面を外に吐き出すことがその西欧の療法の基本となっている．認知行動療法（CBT）は被災地でも行われているが，必ずしもその療法が広くいきわたっているわけではない．日本では森田療法に見られるように無理をせず，あるがままを進めていく独特の療法がある．内的表象はb項の「能」のところで詳しく述べるが，全く外に繋がらないわけではない．1.5節の「情動と呼吸」で述べたように感情の変化は呼吸と同期して生じてくるので，内的表象も呼吸の変化を伴って起こってくる．呼吸が唯一外部とつなぐブリッジの役割を担っているのである．心の内的表象と呼吸，日本文化は呼吸から生まれてきているといっても過言ではない[38]．

a. いけばなと呼吸

　日本の伝統文化の1つであるいけばなは，約600年前室町時代に生まれた．西洋のフラワーアレンジメントは多くの花を加え，飾っていくが，いけばなは日本文化の基本である削ぎ落とし，一点に集中した美しさを生み出していく（図1.23）．一点にいける人の精神を映し出していく．花は手を加えなくてもそのものだけでも美しく，見る人の心を和らげてくれる．しかし，そこにアートが加わると，見る人はいけた人の心を読み取ることができるのである．花そのものの美しさの中に心が入ることこそアートであり，見る人に感動を与える．いけばな作家がいけた作品の写真とその作品を崩した写真を人に見せた時にどちらが美しいと思うかを呼吸の変化とともに調べた研究がある（図1.24）[39]．当然ながら，本物のいけばなの写真の方がはるかに美しいと思うが，呼吸数も減少していた．また同時に測定した状態不安度（その時々の不安度）も減少していた．被験者には特性不安度（そもそもその人が持ち合わせている不安度）が高い人と低い人がいるが，特性不安度の高い人ほど呼吸数がゆっくりになり，状態不安度の減少も大きかった．感情の変化と呼吸の変化は必ずリンクして起こるので，いけばなを通して気分が変わる時には呼吸も変わっている．いけばなは見る人の心を和らげてくれるが，いけばなの作品を見る人のみに変化が生じているわけではない．いけばなを実際にいけている人達にも良い効果が上がっている[40]．いけばな教室に通い，1年以上経っている人達を対象として，いける前と後での不安度，呼吸の変

図 1.23　いけばな（いけばな作家　大泉麗仁作）

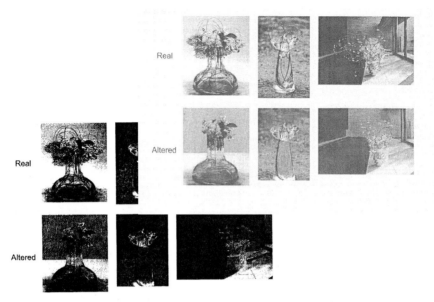

図 1.24 いけばな作品といけばなを崩した写真[39]
上:3つのいけばな写真. 下:いけばな作品を崩したもの.

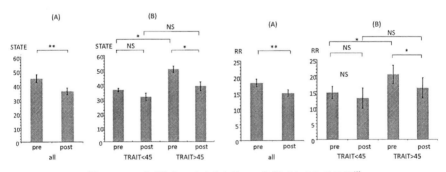

図 1.25 いけばなをいける前と後での状態不安度と呼吸数[40]
STATE:状態不安度. TRAIT:特性不安度.
(A) 全員の状態不安度の変化.
(B) 特性不安度が 45 以下の被験者と 45 以上の被験者.
pre:いける前, post:いけた後, NS:有意差なし, ※ $p<0.05$, ※※ $p<0.01$.

化を比較している. 状態不安度と呼吸は有意に減少しており, さらにその効果は特性不安度が高い人ほど顕著に表れていた (図 1.25). 状態不安度は快・不快情動とも相関しており, いけばなを行うことが不安を減少させ, ストレス関連の気分を和らげてくれる. 2011 年 3 月 11 日に起こった東日本大震災後, 被災地の小

学校で学童の心のケアのためにいけばなが呼吸筋ストレッチ体操とともに取り入れられ，子供たちの不安度を減少させる効果を上げている．

b. 能と呼吸

　心の表象を語る時，舞台芸術を通してみていくとわかりやすい．多くの舞台で，役者は様々な体の動き，表情の変化，そして言葉で役の心を表現する．見ている人達は役者のすばらしい動きや表情から役の人物像を捉えその心を読み取る．美しい動きは，言葉の美しさを伴い観る人の心を打ち，感動させる．役者は技を磨き心を表現する外的表象を身体芸術にまで高める．世界における多くの舞台はこの外的表象により成り立っている．もう一方の内的表象では舞台は成り立たないようにも思えるが，この内的表象を重視した舞台が能である（図1.26）．世界の舞台芸能の中でもきわめて特異な舞台であるが，日本文化からすれば能が出現したのは必然と言えるかもしれない．能は650年前に生まれたが現在までその舞台様式を全く変えていない．このこともまた舞台芸能ではまれなことである．能の

図1.26　能「オンディーヌ」(本間生夫作、シテ：梅若猶彦)

主役であるシテはほとんどの曲（能では物語を曲と表現する）で能面を着け，その動きもそれほど大きくない．というより，止まっている時の静の美しさを強調する．能の曲では一般的にその形式は決まっている．まずワキと呼ばれる旅の僧が現れ，その土地にゆかりの人物を思い起こし，話し始める．そこに面を着けた前シテと呼ばれるシテが現れ，その人物の物語を語り舞台から去る．次にアイが出てきてワキの間に詳しくその人物の物語を語る．そして，今まで現れていた者こそその人物の化身に違いないと，その霊を弔うことを勧める．ワキは人物の霊を弔い始め，そのうちに夢幻の世界へと入っていく．その夢の中に後シテと呼ばれる人物の霊が現れ，自分の苦しみを語る．その苦しみを取り除くためにワキは祈り，その祈りにより苦しみから解放された霊は喜び，満足して舞台，すなわち現世から消えていく．観客は自分を，苦しみ成仏できないシテに置き換えるというより，ワキに置き換えて観ていると言ってよい．夢幻の世界に引き込まれ，その人物の苦しみを知り，舞台上のシテと向き合い祈りをささげる．シテの息が観衆の心を引き込み，幽玄の世界を作り出す．

　シテが面を着け，役者の素顔を表さないことも幽玄の世界を作り出すことに役立っている．素顔では現実の世界になってしまうからである．では面は現実を隠すためならどのような面でもよいのか，というとそうではない．面を使う舞台劇で知られているものに，ギリシャ悲劇の仮面劇がある．その面はその人物が主人公であり，神話上の人物であることを観客にわかってもらうために着ける．能では歴史上の人物の誰であるかをわからせるために面を着けているのではない．基本的には5種類に大別され，中年女性を表す深井，若い女性を表す小面，少年を表す童子などシテにより大まかな決まりはあるが，特定の人物を表すものではない．能では面をおもてと言い，外部との接点を意味する．シテは能面を着けた時から役者ではなくなり，物語の人物となりきり，夢幻の世界へと入っていく．能舞台は四角い本舞台とそこに至る橋掛りからできている．その橋掛りの端にはシテが登場する揚げ幕がある．その揚げ幕の内側に鏡の間があり，衣装を纏ったシテは最後にその鏡の間で能面を着け，深い内面の世界に入っていく．能面は無表情と言われるが，シテの内面の変化により，全く相反する悲哀や喜びを表現することができる．内面の変化を外界に伝える重要な要素を持ち，それだけに能面の良し悪しがシテの内面性の表現とともに能舞台を成功させるか否かにかかわってくる．能面の中のシテの表情は全く変わっていない．シテにとってまさに能面が

精神のおもてなのである．

　無表情と言われるだけに能面は内的表象を作り出すことに役立ち，能面を通して内的表象が外部に伝えられる．しかし，この能面だけで内的表象は伝えられるのであろうか．また，そもそも身体の変化なくして内的表象は伝えられるのであろうか．前述したように内的表象は呼吸と一体となり起こってくる．シテを対象

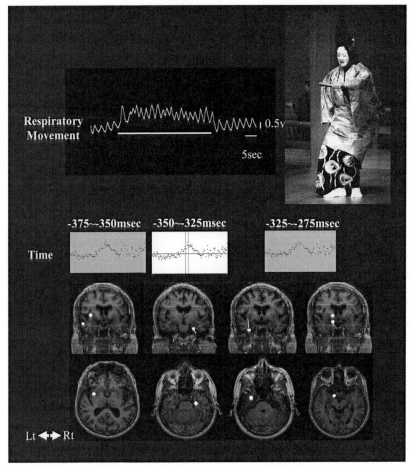

図 1.27　脳における呼吸の変化と脳内活動部位[40]
上：シテ方の呼吸の動き（Respiratory Movement）．下線部：悲しみを表現している時の呼吸．
中：呼吸に同期した脳波の変化．吸息開始時がゼロ（Time）．
下：ダイポールトレーシング法による脳内活動部位．

とした研究がある[41]．脳波を測定する頭皮電極と呼吸を測定するピックアップを装着し，研究室の中で能を演じてもらった．「隅田川」という曲の中で子供を失い嘆き悲しむ母親を演じてもらった時，表情は全く変わらなかったが，呼吸が激しく乱れていた．脳波から脳内活動部位を推定する双極子追跡法（ダイポールトレーシング法）により，呼吸に同期して扁桃体に活動が認められた（図1.27）．不安の実験に関して述べたように，悲しみも呼吸に同期して扁桃体に活動が生じ，心の変化は呼吸を介して現れていた．能の先達は「呼吸が変わると身体の様相が変わり，心が変わると呼吸も変わる」と述べている．呼吸と心の関連を古から気がつき，呼吸で表現するために，余計な動きを削ぎ落とし，厳しく美しい舞台を創り上げてきたのである．着飾るのではなく削ぎ落とし一点に集中していく日本文化の精神性がここに凝縮されている．能舞台上ではこの呼吸の変化がシテの周りの雰囲気（空気）を変え，観客に伝わってくる．

　呼吸は精神と一体であるが，身体性も持っている．その両者を踏まえ，能の型が決められている．能における身体の基本は「かまえ」と「運び」である．重心は決してぶれることはない．「かまえ」は地中に根を張った大木のように自然に天に伸び，気配を消し，その姿勢から内面が決して外に伝わってはならない．これは無我の境地に入る禅の姿勢と相通じるものがあり，能においてこの「かまえ」ができれば能の90%はできたと言えるかもしれない．舞台上でその基本となる「かまえ」に心の変化が呼吸となって現れ，また能面を通して観客にシテの演じる人物の精神が伝わる．能の最も美しいところは静止している時の姿である．静の美しさが能の特徴であり，日本文化の美でもある．能の動きである「運び」は独特である．かかとが上がることはない．必然的にすり足に見えるが，ただこすりながら歩いているわけではない．体は全く上下することはなく，芯はぶれない．かかとを極端に上げる時，そこには日本舞踊に見られるように色気が生まれるが，能においては色気を出すことはない．足が地に着いたように進める能の「運び」では，体はその足と一緒に移動することはない．最初の足が前に出ていく時上体は全く動かない．後の足が前の足についていくその前に上体が前に動く．しかもその上体は周りの空気を引き連れていくように観客に迫る．このリズムは呼吸のリズムと重なり，内面を強く打ち出している．「かまえ」と「運び」，能の精神性と強く結びついているのである．

1.8 芸術と呼吸

　芸術を学問として捉える時，古典的にも心理学的研究が主体となる．芸術心理学なる分野があるように，芸術そのものが主観性の強いものであるから，心理学的主観的研究をもとに体系化されている．芸術には美学が伴い，美そのものを客観的に見つめることが芸術にはそぐわないのかもしれない．しかし，最近の脳科学の進歩により美を定義する客観的研究が行われるようになった．心理学においても古典的主観的研究から客観的研究に移ってきている．

　ヴィゴツキーはその書，『芸術心理学』の中で物語を「解剖」と「生理学」に当てはめている[42]．物語の構造分析において，基本的に題材と形式に分けている．題材は物語以前に存在した歴史や事件，生活であり，それを芸術的構造に従って配置していくことが形式である．題材は「解剖学」にあたり，形式に当てはめていくことが「生理学」である，と述べている．しかし形式そのものには芸術性はなく，芸術的要素を取り入れながら題材を構成していくことが芸術であり，そこに「生理学」は存在しているであろうか．ヴィゴツキーはブーニンの短編小説『やわらかな息づかい』を例にその構成のすばらしさを訴えている．その構成は時空を超えた展開となっており，それを進んでは戻す「呼吸」に例え，単純な題材の中に徐々に読者を核心へと導いていく．ブーニンの『やわらかな息づかい』の最後の文は次のとおりである．

　でもいちばん大切なものを，知ってる？…やわらかな息づかいよ．でも，それが私にあるのよ…聞いて，私の息を…ね，ほんとうにあるでしょう？ いまこのやわらかな息づかいは，再びこの世に広がる，この曇り空のなかに，この冷たい春の風にのって…．

　この小説は芸術的短編小説の典型とされている．時空を超えた展開は呼吸を表し，読む者の感情を操る．前述したように，呼吸と感情は一体であることを情動と呼吸の節で示しているが，このブーニンの小説の構成は呼吸のリズムとなり，読者の感情を高める．そして最後には読者の感情をしずめ，激しい感情の動きを解き放つ．構成要素であるリズムにより描かれる感情が引き起される．このリズム，呼吸こそが美的反応の基本と考えられる．

　能における物語の構成も必ず時空を超える．舞台の構成も呼吸により感情が操られ「序破急」という形式の上に芸術性が現れ，人々の感情を引き込む．物語の

リズムは美的反応を引き出すが，そこで使われている言葉もまた，リズムを持っている．そこには言語がかかわるために，どんなに素晴らしいリズムを持つ物語であっても，他国語に訳されると美的反応が弱まることはしばしば経験する．能の言葉のリズムの基本は七・五調である．『屋島』の一節をとると，——その船戦　いまははや，閻撫にかえる　生き死にの——と7，5，7，5と進んでいく．ここに日本語としての美的リズムがあり，古来この七・五調が日本人の精神を表す言語のリズムとなってきている．それだけに，試みられてはいるが，英語やフランス語で書かれた能の曲は見当たらない．近代の日本の歌として残されているものも，基本的に七・五調のリズムで歌われている．「荒城の月」でも，——春高楼の　花の宴　めぐる杯　いまいずこ——と，七・五調で流れていく．

　日本語の並びの妙が日本人の心の表現としての内的表象を生み出したとも言える．そして，内的表象が呼吸の変化を伴うことの科学的裏づけがなくとも呼吸が心であることを古から気づいていたのである．

　筆者は呼吸と情動の研究から，呼吸と心の繋がりを世に示すために，能『オンディーヌ』を創作した．『オンディーヌ』はフーケが1811年に水の妖精の物語である『ウンディーネ』として発表し，その後1939年に『オンディーヌ』としてジロドウが戯曲にして世に出し広まったものである．

　泉の妖精であるオンディーヌは人間の男に恋をして，泉の世界から人間の世界へと移る．その時泉の掟で，もし相手の男がオンディーヌを裏切ったならば，男は息ができなくなり死ぬ．実際男はオンディーヌを裏切り，息ができなくなり死ぬ．

　夜寝ている時に息が止まる病気を睡眠時無呼吸症候群というが，別名「オンディーヌの呪い」と呼ばれている．オンディーヌが呪いをかけたわけではないが，医学の世界では普通に使われている．

　能『オンディーヌ』では人間の男はすでに死んで年月が経ったところから始まっている．多くの能の形式にのっとり，再び男を現世に呼び戻す．しかし，再び裏切ったならば，息が止まるだけでなくオンディーヌから男の記憶がすべて消え去るという妖術をかけられ，実際そうなるのである．能『オンディーヌ』の最後の部分を載せて，この章の終わりとする．

　「いとし君　ただ一途なる　息なれば　とこ永久に我が息とともに　消えぬこころを　もつものを．　哀れ息は消え入りぬ．　我がこころには　あともなく

消え果てぬ. ——なかりせば　息もなく美しきもの　いずくの者か.」

[本間生夫]

文　　献

1) Grossman E, Grossman A, Schein MH, Zimlichman R, Gavish B : Breathing-control lowers blood pressure. *J Human Hypertension*, **15** : 263-269, 2001.
2) Matsumoto M, Smith JC : Progressive muscle relaxation, breathing exercises, and ABC relaxation theory. *J Clinical Psychology*, **57**(12) : 1551-1557, 2001.
3) Watson CG, Tuorila JR, Vickers KS, Gearhart LP, Mendez CM : The efficacies of three relaxation regimens in the treatment of PTSD in Vietnam War Veterans. *J Clinical Psychology*, **53**(8) : 917-923, 1997.
4) West JB : Respiratory Physiology—the essentials—, The Williams and Wilkins company, 1974.
5) 有田秀穂, 原田玲子 : コアスタディ　人体の構造と機能, p.120, 朝倉書店, 2005.
6) De Troyer S : Respiratory muscle function. In Cherniack NS, Altose MD, Homma I, eds, Rehabilitation of the Patient with Respiratory Disease, pp. 21-32, McGraw-Hill, 1999.
7) Homma I, Eklund G, Hagbath K-E : Respiration in man affected by TVR contractions elicited in inspiratory and expiratory intercostals muscles. *Respir Phyusiol*, **35** : 335-348, 1978.
8) Euler C von : On the role of proprioceptors in perception and execution of motor acts with special reference to breathing. In Pengelly LD, Rebuch AS, Cambell EJM eds, Ontario, pp. 139-154, Loaded Breathing, 1973.
9) Mitchell RA, Berger AJ : Neural Regulation of Respiration. *Am Rev Respir Disease*, **3** : 206-224, 1975.
10) Onimaru H, Homma I : Respiratory rhythm generator neurons in medulla of brainstem-spinal cord preparation from newborn rat. *Brain Res*, **403**(2) : 380-384, 1987.
11) Onimal H, Homma I : Spontaneous oscillatory burst activity in the piriform-amygdala region and its relation to in vitro respiratory activity in newborn rats. *Neurosci*, **144** : 387-394, 2007.
12) Euler CV : Brainstem mechanisms for generation and control of breathing pattern. In Cherniack NS, Widdicombe JG. eds, The Respiratory System in Handbook of Physiology, pp. 1-68, Am Physiol Society, 1986.
13) Davis M : The role of the amygdala in fear and anxiety. *Ann Rev Neurosci*, **15** : 353-375, 1992.
14) Homma I, Masaoka Y : Breathing rhythms and emotions. *Exp Physiol*, **93** : 1011-1021, 2008.
15) National Institute of Mental Health : The Numbers count : Mental Disortders in America. NIMH 2008.
16) Masaoka Y, Homma I : The effect of anticipatory anxiety on breathing and metabolism in humans. *Respir Physiol*, **128** : 171-177, 2001.
17) Masaoka Y, Homma I : The source generator of respiratory-related anxiety potentials in human brain. *Neurosce Lett*, **283** : 21-24, 2001.

18) Masaoka Y, Hirasawa K, Yamane F et al : Effects of left amygdala lesions on respiration, skin conductance, heart rate, anxiety an activity of the right amygdala during anticipation of negative stimulus. *Behav Modif*, **27** : 607-619, 2003.
19) Adolph R, Tranel D, Damasio H et al : Impaired recognition of emotion in facial expressions following bilateral damage to the human amygdala. *Nature*, **372** : 669-672, 1994.
20) Masaoka Y, Homma I : Amygdala and emotional breathing. In Chamagnat J ed, Post-genomic Perspectives in Modeling and Control of Breathing, pp. 9-14, Kluwer Academic/Plenum Publishers, 2004.
21) Halgren E, Babb TL, Rausch R et al : Mental phenomena evoked by electrical stimulation of the human hippocampal formation and amygdala. *Brain*, **101** : 83-117, 1978.
22) Harper RM, Frysinger RC, Trelease RB et al : State-dependent alternation of respiratory cycle timing by stimulation of the central nucleus of the amygdala. *Brain Res*, **306** : 1-8, 1984.
23) Onimal H, Homma I : Spontaneous oscillatory burst activity in the piriform-amygdala region and its relation to in vitro respiratory activity in newborn rats. *Neurosci*, **144** : 387-394, 2007.
24) McDonald AJ : Cortical pathways to the mammalian amygdala. *Prog Neurobiol*, **55** : 257-332, 1998.
25) LeDoux JE : Emotion circuits in the brain. *Ann Rev Neurosci*, **23** : 155-184, 2000.
26) Phillps RG, LeDous JE : Differential contribution of amygdala and hippocampus to cued and contextual fear conditioning. *Behav Neurosci*, **106** : 274-285, 1992.
27) Fujii T, Onimaru H, Homma I : Effects of corticotrophin releasing factor on spontaneous burst activity in the piriform-amygdala complex of in vitro brain preparations from newborn rats. *Neurosci Res*, **71** : 134-139, 2011.
28) Halgren E, Babb TL, Rausch R et al : Mental phenomena evoked by electrical stimulation of the human hippocampal formation and amygdala. *Brain*, **101** : 83-117, 1978.
29) Gallagher JP, Orozco-Cabal LF, Liu J et al : Synaptic physiology of central CRH system. *Eur J Pharmacol*, **583** : 215-225, 2008.
30) Sugita T, Kanamaru M, Iizuka M et al : Breathing is affected by dopamine D2-like receptors in the basolateral amygdala. *Respir Physiol Neurobiol*, **209** : 23-27, 2015.
31) Kouros DN, Quasem S, Garber J : Dynamic temporal relations between anxious and depressive symptoms across adolescence. *Development and Psychopathology*, **25** : 683-597, 2013.
32) Porges S : The polyvagal perspective. *Biological Psychology*, **74** : 116-143, 2007.
33) Blom EH, Serlachius E, Chesney MA et al : Adolescent girls with emotional disorders have a lower end-tidal CO_2 and increased respiratory rate compared with healthy controls. *Psychophysiology*, **51** : 412-418, 2014.
34) Homma I : Respiratory muscle stretching and exercise. In Cherniack N, Altose M, Homma I eds, Rehabilitation of the patient with respiratory disease. pp. 355-361, McGraw-Hill, 1999.
35) Homma I, Obata T, Shibuya M et al : Gate mechanism in breathlessness caused by chest

wall vibration in humans. *J Appl Physiol*, **56** : 8-11, 1984.
36) Kakizaki F, Shibuya M, Yamazaki T et al : Preliminary report on the effects of respiratory muscle stretch gymnastics on chest wall mobility in patients with chronic obstructive pulmonary disease. *Respir Care*, **44** : 409-414, 1999.
37) Minoguchi Shibuya M, Miyagawa T et al : Cross-over comparison between respiratory muscle stretch gymnastics and inspiratory muscle training. *Intern Med*, **41** : 805-812, 2002.
38) Homma I, Akai L : Breathing and Emotion. In Makinen A, Hajek P eds, Psychology of Happiness, pp. 179-188. Nova Science Pub, 2010.
39) Sasaki M, Oizumi R, Homma A et al. : Effects of viewing Ikebana on Breathing in human. *Showa Univ J Med*, **23** : 59-65, 2011.
40) Homma I, Oizumi R, Masaoka Y : Effects of practicing Ikebana on anxiety and respiration. *J Depression Anxiety*, **4**(3) : 187, 2015.
41) Homma I, Masaoka Y, Umewaka N : Breathing Mind in 'Noh'. In Homma I, Shioda S eds, Breathing Feeding and Neuroprotection. pp. 125-134, Springer-Verlag, 2006.
42) ヴィゴツキー著, 柴田義松訳 : 芸術心理学, 学文社, 2006.

2 自律神経と情動

2.1 情動は自律神経活動に影響する

　情動が自律神経の活動を変化させることはよく知られている．いわゆるうそ発見器（ポリグラフ）は心電図や皮膚の電気伝導度を計測する装置であるが，うそをつくという行動に伴う情動が心臓や皮膚血管・汗腺を支配する自律神経活動に影響を与え，その結果として心拍数や皮膚の発汗が変化するという原理に基づいている．うそか否かではなく，自律神経活動を変化させるような情動が生じたかどうかを判定しているのである．実際，筆者は学生時代に実験心理学のクラスでポリグラフ試験の被験者を体験したことがあるが，異性の同級生に突然顔を近づけられただけでどきっとして心拍数が急上昇した．「どきっ」や「どきどき」という言葉は動悸すなわち心拍数または心拍出量が上昇する様を表しており，情動と自律神経活動との間に密接な関係があることは，自律神経の知識がなくても経験的に知ることができるのである．

2.2 自律神経活動は情動に影響する？

a. ジェームス-ランゲ説[1,2]

　逆に，自律神経活動が情動を変化させる例はないのだろうか？　この問は古く，自律神経の概念が成立する前の 19 世紀末に哲学者・心理学者のジェームス（William James）とランゲ（Carl Lange）によって初めて提起された情動の身体反応起源説（図 2.1）に遡ることができる．端的に言うと，悲しいから泣くのではなく，泣いたから悲しくなったのではないか，という説である．熊に出会って逃げる際も，身震い＞怖い＞逃げるの順番であって，怖い＞身震い＞逃げるの順番ではないというのである．月経周期に伴って女性の気分が大きく変化する事も根拠としている．月経周期は自律神経によるというよりは内分泌による身体変化

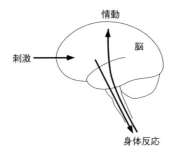

図 2.1 情動の身体反応起源説
刺激を受け取った脳は身体反応を起こす．これには行動と自律神経や内分泌を介した内臓臓器の変化が含まれる．身体状態の変化は内在する感覚神経の活性化を引き起こし，これが脳に伝えられて情動が生じる．

であるが，いずれにせよ無意識下で生じる現象である．ストレス性無月経の存在が知られていなかった当時は，情動が月経周期を変化させる可能性を考えるよりは月経周期（＝無意識の身体反応）が情動に影響すると考える方が自然だったのであろう．しかし残念ながら，当時は身体反応と情動反応の時間経過を正確に測定する方法がなく，上記の説は検証不可能な仮説でしかなかった．

b. キャノン-バード説[1,2]

ジェームス-ランゲ説はすぐに猛烈な批判を浴びることになる．まず第1は一般人の常識とは相容れない点である．第2の，しかしより強力な批判はキャノン（Walter B. Cannon）とその弟子のバード（Philip Bard）によるもので，情動の中枢起源説と呼ばれている（1930年頃）．その論拠を列挙してみよう．

①ジェームス-ランゲにやや遅れた19世紀末〜20世紀初頭にラングレー（John N. Langley）によって自律神経系（今日で言う自律神経系の遠心路）が同定された（2.3節参照）．しかし，その神経伝導速度は骨格筋を動かす体性運動神経と比べると1桁以上遅い（〜数 m/sec v.s. 〜100 m/sec）ので，自律神経による身体反応が体性運動神経による身体反応より先であるとは考えにくい．

②脊髄を損傷して自律神経と脳との入出力ができなくなった実験動物でも，吠える犬におびえた表情を見せるなど情動は正常のように見える．

③危険や恐怖などの脅威にさらされた動物は交感神経系の一斉活性化によるパターン化された全身反応を示す．これをキャノンは緊急反応と命名し，闘争また

は逃走の準備と円滑な遂行に必要な反応であるとした．この反応と感染症・炎症時の発熱や寒冷環境暴露による身体反応(震え，鳥肌など)とは共通している．よって，身体反応が情動の原因なら同じ情動が生じるべきなのに，実際には緊急反応では怒りであり発熱・寒冷では不安であって同一ではない．

④交感神経活動の活性化を模倣するためにアドレナリンを投与された被験者は，その時すでに存在していた情動を強化されることはあっても新たな情動が生じることはなかった．

⑤落涙・震えなどの身体反応が起こったことを認識する脳部位である大脳皮質を除去した実験動物でも，見かけ上怒りと区別できない反応(吠える，牙を剥く，毛を逆立てるなど)ができる．すなわち，情動の生起に末梢から大脳皮質への入力は必要ない．

以上はジェームス-ランゲ説に対する反証であるが，キャノンとバードは自らの研究を発展させて独自の中枢(視床)起源説(図2.2)を唱えた．大脳皮質に加え視床と視床下部の前方を除去しても見かけの怒りは残存するが，除去が視床・視床下部後方に及ぶともはや見かけの怒りは消失するという実験結果と，視床に障害のある患者では感覚入力に対する情動が過敏になる(例えば温刺激を与えるだけで激しい快感が得られたりする)という臨床報告とから，視床が情動の発生源であると提唱したのである．視床は嗅覚を除くほとんどすべての感覚入力を大脳皮質に伝える中継核であり，視床が感覚入力に何らかの修飾を施して大脳皮質

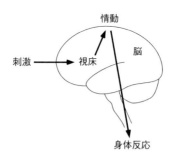

図2.2 情動の中枢起源説
刺激情報が大脳に伝えられる伝達路の途中にある視床で神経を乗り換える際に，情報が色づけされる(何らかの修飾を受ける)ことによって情動が生じる．情動発生の結果，身体反応が引き起こされる．視床は実際には脳の内部構造であるが，簡単のために脳表面の図に重ね描きしてある．

に伝えることがすなわち情動の起源だとしたのである．ちなみに，キャノンはベルナール（Claude Bernard）が提唱した「内部環境の維持」の概念にホメオスタシス（恒常性の維持）という語を当てはめ，これを広めたことも有名である．

c. 扁桃体と視床下部の重要性[1-3]

キャノンとバードとほぼ時を同じくしてクリューバー（Heinrich Klüver）とビシー（Paul Bücy）は，両側の側頭葉除去によって情動行動が異常になることを報告した．サルの海馬と扁桃体を含む側頭葉を切除すると，精神盲（見たものの価値判断ができず，通常怖がるはずのヘビや蜘蛛の模型を平気で口に入れてしまう），情動盲（無感情）を含む様々な異常が出現したのである．その後の研究で情動盲の原因は扁桃体であり，扁桃体は生物学的価値判断をもとに情動を生み出す座であることが明らかになっている．

以上の成果は主として実験動物における脳の破壊実験または脳損傷患者の観察（2度の世界大戦を含む大きな戦争で脳損傷患者が多数出現したことが皮肉にもヒトにおける機能局在研究を加速させた）から得られたものであったが，20世紀中頃になると脳内局所を電気刺激する実験が盛んに行われるようになった．ヘス（Walter R. Hess）はネコを使った実験で，視床ではなくて視床下部の後部を刺激するとキャノンとバードが観察したような見かけの怒り行動とともに広範な交感神経系の活性化による内臓を含む身体反応（立毛による威嚇と体温保持，瞳孔散大，心拍数上昇，血圧上昇，呼吸数増加，気管拡張による呼吸抵抗の減少など；ヘスは防衛反応と呼んだ）が引き起こされることを証明した．ヘスは情動の座については言及していないが，少なくとも怒りの情動に関連した自律神経活動の出力中枢は視床ではなく視床下部である．その後の局所破壊と電気刺激実験の積み重ねから，視床下部の中でも尾側に位置する背内側視床下部と脳弓周囲領域こそが責任部位であると考えられるようになり，防衛領域（図2.6参照）と呼ばれるようになった．

d. 意識過程と無意識過程は並列する[4]

キャノン-バード以降の研究成果は，「情動が自律神経活動に影響するのであってその逆ではない」という常識的な考え方を支持しているように見える．しかし，情動という意識にのぼる脳内過程と自律神経出力という無意識過程は，原因と結

果というような因果関係ではなく，脳内で同時に並列的に処理されている可能性を示す十分な証拠がある．その1つは左右分離脳患者の観察から得られた結果である．てんかんは脳の一部分で発生した異常な興奮が脳の全体に広がってしまい（全般化と言う），その結果全身の痙攣を引き起こす比較的頻度の高い（500人に1人）病気であるが，薬物療法等に反応しない重篤な患者では異常興奮の全般化を防ぐために左右の大脳半球を繋ぐ脳梁を切断する治療方法がある．左右分離脳患者では左視野に入った視覚情報は右半球にだけ伝えられ，左半球には何を見ていたのかの情報が伝わらないという状態が出現する．左視野に「こすれ」という文字を見せると右半球で制御されている左手で頭をこする．被験者に何が見えたのかを尋ねると，「かゆい」と答える．つまり，言語野のある左半球は自分の行動から推測して辻褄を合わせるために見えたはずの文章を作文するのである．同様に，ヌード写真を見せると笑ったり顔を赤らめたりするが，理由を尋ねても「この検査は奇妙な検査ね」と答える．つまり，意識過程は無意識出力に後づけの解釈を与えているだけと言える．

　もう1つの例はサブリミナル効果である．映画の映像の中に1000分の3秒という，何かを見たとは認識できない程度の短い時間だけ「コークを飲もう」「ポップコーンを食べよう」というメッセージを入れたら売り上げが増えたという有名な実験が知られている．その後の追試結果が一定しないことでいったんはサブリミナル効果の存在は否定された．しかし，実験方法を変えて別の視点から解析した研究からは繰り返しサブリミナル効果の存在が示されている．そのうちの1つの研究では，被験者に無意味な図形を1000分の1秒ずつ5回見せた後で提示ずみの図形と新規図形とを対にして提示し，先ほど提示された図形はどちらかを判断させた．この再認課題では正答率50%，すなわち偶然のレベルであり，自覚的な知覚記憶の証拠は見いだせなかった．しかし，同じ図形の対に関して「より好ましいのはどちらか」を選ばせたところ，統計学的に有意に以前に提示された図形を選択した．つまり，意識的な再認とは独立に，潜在記憶に基づく好ましさの判断過程が存在することが証明された．

e. 情動と自律神経との関係：現在の理解

　以上を総合すると，情動と自律神経による身体反応との関係は図2.3のように理解できる．すなわち，感覚入力の情報は視床で二手に分かれ，一方は大脳皮質

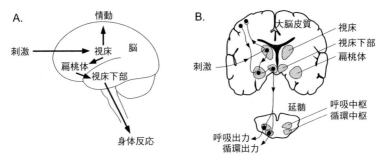

図 2.3 情動と身体反応との並列関係
A. 刺激情報が大脳に伝えられる伝達路の途中にある視床で神経を乗り換える際に，同じ情報が扁桃体へも送られる．扁桃体では情報の価値判断を施し，必要であれば（生物学的な意味があれば）視床下部を活性化する．視床下部の活性化が身体反応を引き起こす．視床→扁桃体→視床下部→身体反応経路は大脳皮質を経由しないので意識にのぼらない無意識の反応系である．視床などの名称は脳表面の図に重ね描きしてあるが，実際の構造は B 図を参照のこと．
B. 同じ回路図を脳の断面図上に図示した．視床下部→身体反応経路は直接に効果器（内臓臓器等）や自律神経出力路に影響を与えるのではなく，延髄内に存在するホメオスタシス基本回路（循環・呼吸中枢）を修飾する形で身体反応を引き起こす（図 2.5 参照）．

に伝えられ，認知を経て情動を惹起する（意識過程）．もう一方は扁桃体を経て視床下部に伝えられ，ここから自律神経を経て身体反応に至る（無意識過程）．無意識過程はその名の通り意識にのぼらないので，身体反応として顕在化するまでの脳内過程をきちんと計測して情動の生起との時間差を計測することは不可能であるし，そもそも並列回路なのでどちらが先か（原因か結果か）を議論すること自体が無意味なのである．結論として，自律神経と情動とは互いに相手の原因になり得るが，基本的には独立に並列した脳内過程によって処理されていると言える．

それでは情動に伴う自律神経変化を調べても情動を理解することには全く無意味なのだろうか？ 私は 2 つの点で意味があると考えている．1 つは意識の実体がわからない現在，情動を直接的に研究する手段がないので，周辺事象を調べて外堀を埋めていくしかないという学術上の意味である．そもそも言語による報告ですら情動を正しく調べられるとは限らないのである（図 2.4）（d 項参照）．2 つ目はもっと実際上の意味である．情動に伴う自律神経変化の詳細を知ることは「病は気から」の実体を解明することになるし，逆に身体をうまくコントロール

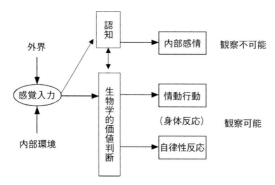

図 2.4　情動の三要素
情動（内部感情）と自律神経を介した身体反応および行動とは別々の脳内経路で処理されるが，そのうち自律性反応と情動行動（まとめて身体反応）だけが客観的に観察可能である．内部感情は言語による報告を通じて知ることができるが，自分自身でさえ騙されることもある．

できれば精神の異常を予防したり対処したりできるようになるかもしれない．すなわち，心身相関をうまく利用して心も身体も健康に保てるようにする戦略を練ることができる．

2.3　自律神経とストレス防衛反応

前節の b，c 項でも簡単に触れたが，ここで自律神経とストレス防衛反応に関して再度まとめておきたい[3,5,6]．

a.　自律神経

自律神経という名称は，体の機能を意識にのぼらず自律的に調節する神経として 1921 年に英国の生理学者ラングレーによって命名された．交感神経系と副交感神経系とからなる．中枢神経系からの入出力路の解剖学的特徴から，前者を自律神経胸腰部，後者を自律神経頭仙部とも呼ぶ．平滑筋・心筋・分泌腺を効果器とし，循環・呼吸・消化・代謝・分泌・体温・排泄・生殖などを調節する遠心路と，それらからの固有情報（例えば血圧や血中酸素分圧；主として副交感神経求心路経由）や侵害情報（主として交感神経求心路経由）を中枢神経系に伝える求心路とからなる．自律神経遠心路は，節前神経の軸索が中枢神経系を出た後に神経節

で複数の節後細胞にシナプス結合し，節後神経が効果器に終末する（例外：副腎髄質支配の交感神経）．副交感神経系の神経節は効果器近傍（主として臓器壁内）に存在するが，交感神経系の神経節は中枢神経系近傍（交感神経幹や腹腔神経節など）に存在する．また節前神経は有髄であるが節後神経は無髄である．さらに，神経伝達物質の分解速度は副交感神経系の方が速い．これらの理由で，交感神経系は副交感神経系よりも，その効果が広く遅く長い．一般人の感覚としては，興奮（交感神経作用；後述）は一時的・局所的で，リラックス（副交感神経作用）は全身的・長時間（特に睡眠時など）であろう．これは上述の交感・副交感神経系の分布や持続時間の特徴と一見矛盾する．しかし，現代文明社会に生きる人間も，その100万年の歴史の99%以上は現代の野生動物と似たような生活を送っていた．弱肉強食の野生動物界では，常に外敵に備え緊張を絶やさずに生活し，やっと得られた束の間の休息も身体の一部だけを休めるという戦略をとらないと生き延びてこられなかったものと思われる．我々はそのような祖先の末裔なのである．

ラングレーの元々の定義では，自律神経系とは不随意の生理機能を無意識下に司る神経遠心路をさしていた．しかし，深呼吸などによって心拍数を随意的に変化させることもある程度は可能である．また，自律神経求心路からの侵害情報と体性感覚神経からの侵害情報とは脊髄内の同じ2次痛覚神経を介して脳に伝えられるので，内臓痛と周囲の筋肉痛とを区別するのは困難である（関連痛という）．すなわち，随意的か否かという分類基準に当てはまらない例外もあり，自律神経系と体性神経系とを完全に分離することもできない．

多くの臓器は交感神経と副交感神経との二重支配を受け，その効果は拮抗的であることが多い．前者は主としてストレスや運動などに際して活性化され，後者は主として休息・回復に関与する．自律神経系の機能は中枢神経系によって階層的に調節されている．すなわち，下部脳幹には循環・呼吸などをそれぞれ調節する中枢が存在し，安静時のホメオスタシス維持に不可欠の役割を果たしている．視床下部は複数の自律機能間の統合，ストレスや外界の変化に応じた自律機能の適応反応，自律機能と運動機能との統合などを司る．大脳辺縁系は情動や記憶による自律機能調節に関与する．

脊髄から出て末梢効果器に至る自律神経出力路の解剖は100年ほど前のラングレーの時代にすでに明らかにされていたが，循環・呼吸のホメオスタシスを維持

する延髄内の神経回路が明らかになったのは最近30年間のことである．循環や呼吸などの自律機能は下部脳幹（橋・延髄）の神経機構で維持されている（図2.5；b項参照）．その証拠に実験動物の下部脳幹前端（橋と中脳との間）で脳を離断しても血圧や呼吸はほぼ正常に保たれ，動脈圧受容器反射や呼吸化学反射という基本的な反射にもほとんど影響しない．循環や呼吸を調節する神経系は，外部環境の如何にかかわらず内部環境を一定範囲に保つというホメオスタシスの役割を，意識にのぼらず自動的（自律的）に行うものとして理解されてきた．そしてこの一定の内部環境の事を正常値（たとえば正常血圧など）と呼ぶ．しかし，これはあくまで仮想的な安静時にあてはまる値であり，睡眠・覚醒・運動・ストレスなど，様々な状況においては安静時とは異なる「正常値」がリセットされる．睡眠時に血圧が低下するのは正常であり，運動時に筋血流量の増加が許容されなければ異常である．野生動物でなくても我々の日常生活は安静状態からはほど遠く，むしろ様々な動揺に満ちている．

　ホメオスタシスの基本回路を上位中枢から修飾・制御して上述の様々な状況に対処するための神経回路に関してはつい最近まで未解明の部分が多かった．視床下部などの上位中枢の役割は，複数臓器の調和した調節，体温・血糖・細胞外液量などの全身的変量の調節，ならびに外部環境への適応であるが，これらは心臓や肺など個々の臓器を直接支配するのではなく，下部脳幹の基本回路機能を修飾することによって実現されているという事以外は多くが不明であった．

b. 中枢性循環調節

　中枢性循環調節とは，中枢神経系による心臓・血管機能の調節のことであり，その出力路は自律神経系である．各臓器も自分自身を調節する能力（局所性循環調節：心臓のペースメーカー細胞による自動能や代謝産物による局所の血流増加反応など）を有するが，中枢性循環調節は全身の血圧や臓器間での血流配分を調整する．具体的には，出血などの外乱に対してホメオスタシス機能を発揮し，姿勢変換・運動・温度変化・ストレスなどの様々な条件下において血流の臓器配分を適切に変化させる．

　ホメオスタシス機能に関わる入力情報は動脈血圧，血液量，血液浸透圧であり，それぞれのセンサーは，頸動脈洞と大動脈弓の血管壁内に存在する動脈圧受容器，右心房と肺動脈の壁内に存在する低圧受容器，脳室周囲器官に存在する浸

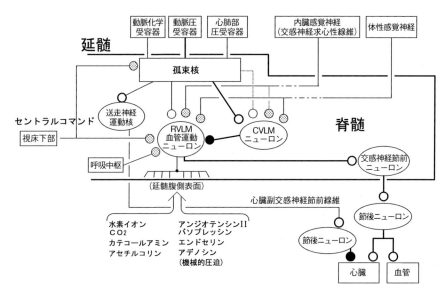

図 2.5　循環中枢

下部脳幹（延髄）の循環中枢の中でも，交感神経出力調節に関して最も重要な吻側延髄腹外側部へ様々な情報が収束される．白丸は興奮性結合，黒丸は抑制性結合，灰色は両者のミックスであることを示す．延髄腹側表面からは脳脊髄液中の各種化学物質の情報や機械的圧迫情報が伝えられる．安静時における循環調節性自律神経出力のホメオスタシスの維持には，視床下部からのセントラルコマンドが存在しなくても延髄以下の基本回路だけで十分である．

透圧受容器である．各センサーからの情報は循環中枢によって統合される．循環中枢（図 2.5）とは循環機能を調節する脳部位の総称であり，延髄の心臓血管運動中枢（吻側および尾側延髄腹外側部）と心臓迷走神経起始核（疑核と迷走神経背側運動核）とからなる．吻側延髄腹外側部を昇圧中枢，尾側延髄腹外側部と心臓迷走神経起始核を降圧中枢と呼ぶこともある．吻側延髄腹外側部（rostral ventrolateral medulla：RVLM）に存在する心臓血管運動ニューロンは，脊髄中間外側核に存在する交感神経節前ニューロンに単シナプス結合してその活動を支配している．安静時に観察される交感神経の自発放電は心臓血管運動ニューロンの自動能による．尾側延髄腹外側部のニューロンは，抑制性神経伝達物質のγ-アミノ酪酸（γ-aminobutyric acid：GABA）を放出することにより心臓血管運動ニューロンを抑制する．すなわち，吻側と尾側の延髄腹外側部ニューロン活動の総和が交感神経の基礎活動を増減させることによって，心臓収縮力と血管収縮度が調節されている．

心臓から駆出された血液の各臓器への配分は，その臓器の血管抵抗によって決定される．心臓血管運動ニューロンは支配する血管床（皮膚，内臓など）の違いによって，サブグループを形成している．心拍出量の調節は以下の5つの経路による．

①心房への副交感神経出力による心拍数の変化
②動脈血管への交感神経出力による総末梢抵抗（後負荷）の変化
③心室筋への交感神経出力による心収縮力の変化
④静脈血管への交感神経出力による静脈コンプライアンスの変化
⑤腎臓への交感神経出力と視床下部からのバソプレッシンの分泌量による血液量の変化

後2者は静脈還流量（前負荷）を決めている．これらの出力は単独でも調節されうるが，協調して変化する事が多い．ストレスに際しては大脳辺縁系・視床下部・延髄循環中枢経由で各々の出力が調節され，適切な血流臓器配分が実現される．

c. ストレス防衛反応

ストレスという言葉は日常生活でも汎用される一般用語でもあるので，本項を始める前に少しだけ整理をしておきたい．セリエ（Hans Selye）の元々の定義では有害刺激をストレッサー，それによって生体に生じた歪みをストレスと言ったが，物理学の世界では刺激をストレス，歪みをストレインと言うし，日常用語では刺激と歪みを区別せずにストレスと呼ぶ．以下では簡単のために誤解の恐れのない限り刺激も歪みもストレスと記載する．また，ストレス応答に関して，セリエは警告反応期，抵抗期，疲弊期の3つに分類したが，その他の分類も多く提唱されている．

セリエの警告反応期～抵抗期に対応するような急性期のストレスに対する生体反応には2種類あることが知られている（表2.1）[7]．対処・予測などが可能なストレッサーに対しては能動ストレス反応（別名：防衛反応，闘争・逃走反応）が生じ，ストレッサーが制御不可能な場合には受動ストレス反応（別名：逆説恐怖，擬死反応）が出現する．それぞれの別名のうちの前者は自律神経反応に注目した命名であり，後者は行動に注目した命名である．

防衛反応とは，敵などのストレッサーに遭遇した時に闘争・逃走行動を効果的に行うために，血圧・心拍数・呼吸数を上昇させ，筋血流を増やして当面不必要

表2.1 ストレスによる身体状況変化の分類（文献7より改変）

	能動型行動傾向	受動型行動傾向
ストレッサー制御の可否	制御可能（対処・予測・発散）	制御不可能
行動戦略	闘争・逃走	すくみ・隠れる
意識される情動	怒り	不安・パニック
生物学的意義	縄張りの拡大または保持	縄張り内での危機回避
循環器系反応	血圧上昇・頻脈・骨格筋の血流量増加	徐脈
呼吸器系反応	呼吸数増加・気管拡張	?
内分泌系反応	副腎髄質系の活性化	副腎皮質（HPA axis）活性化
感覚器	鎮痛	鋭敏化
自律神経系	交感神経優位	交感神経と副交感神経系とがともに活性化
体温	上昇	?
免疫系	Th1（細胞性免疫）活性化	Th2（液性免疫）活性化
関連疾患	高血圧，不整脈，突然死	消化管潰瘍，アレルギー，メタボリックシンドローム（糖尿病，高血圧，高脂血症）

な内臓血流は減少させるという反応である．筋肉の酸素需要の増加に応えるために，循環器系と呼吸器系の活性化が必須である．例えば，ヒトの安静時と運動時とを比較すると，単位時間あたりに心臓から出ていく血液量は5倍に，肺に出入りする空気の量は最大で20～30倍にも達する．激しい運動をすると息が上がったりふだんは感じない心臓の鼓動を感じたりするので，運動の結果として呼吸器系や循環器系が活性化されると理解している読者がおられるかも知れない．我々の身体には，そのような仕組みが実際に備わっている．外界の情報を視・聴・嗅・味・触の五感で検出していることはよく知られているが，同様に我々は自分の体内環境を様々なセンサーを駆使して監視している．関節や筋肉中には運動の程度を検出するセンサーが存在し，その情報を脳に伝えている．脳に伝えられた運動増加の情報は，今度は呼吸筋や心筋をコントロールしている神経の活動を増加させ，その結果呼吸数や心拍数が増加する．また，運動中に筋肉で産生される二酸化炭素やその他の代謝産物による血液の酸性化は，体内の二酸化炭素センサーおよびpHセンサーによって検出され，それらの情報も脳に伝えられて肺や心臓の

機能をさらに増加させる．大量のエネルギー消費に伴って産生される熱，すなわち体温の情報も温度センサーによって監視され，呼吸・循環の活性化に寄与している．温度やpHはさらに，脳とは無関係に直接的にヘモグロビンの性質を変化させ，ヘモグロビンからの酸素遊離を促進する作用も併せ持っている．この最後に述べた作用は発見者の名前をとってボーア効果と呼ばれ，血液から組織への酸素供給を増加させる．

しかしながら，運動の結果として呼吸や循環を促進させるこれらのメカニズムは，すべて合計しても運動中の酸素供給増加の約50%を説明するにすぎない．残りの部分は運動の結果として増加するのではなく，運動の前提として，センサーからの情報を待たずに脳が指令を発するのである．水泳や徒競走のスタート台でゴーの合図を待っている競技者を想定すると理解しやすいが，実際に筋肉を動かす前から呼吸も心拍数も増大している．これは見込み制御またはセントラルコマンドと呼ばれ，特に運動初期の呼吸増加に不可欠のメカニズムである．前述した運動の結果としての呼吸増加機構は，酸素消費の増大による酸素欠乏を補うメカニズムと考えることができるので，フィードバックコントロールによる恒常性の維持機構と同じ動作原理に基づくことが理解される．実際，二酸化炭素やpHの変化を抑制するメカニズムは，安静時の恒常性維持機構そのものである．一方，セントラルコマンドは酸素欠乏を検出するのではなく，これを予見して実際に生じる前に呼吸を増加させてしまうメカニズムであり，需要と供給が一致するという最終結果は同じでも，動作原理は大きく異なる．さらに，運動中のケガの痛みは抑制されていて，軽いケガだと試合終了時まで気がつかないことすらある．つまりストレス誘発鎮痛も生じる．このような多面的な反応である防衛反応の表出に際し，一斉にそのスイッチを入れる神経機構は長らく不明であった．

2.4　オレキシン：情動と自律神経との接点[3,5,6]

a.　オレキシンとは

1998年にテキサス大学の柳沢正史らのグループがオーファン受容体（結合する物質が不明な孤児のような受容体という意味）に結合する生理活性物質として発見し，脳内投与によって食欲を促進することからギリシャ語の食欲を意味するorexisにちなんでオレキシンと命名した．米国スクリプス研究所のグループは独立に，視床下部に特異的に発現しセクレチンに部分構造が類似しているペプチド

としてヒポクレチンを発見・命名したが，両者は同じ物質である．化学的には，1つの前駆物質が分解されてオレキシン-AとBの2つの生理活性物質が作られる．受容体も2つ存在するが，リガンドと受容体がともに2つずつ存在することの意義は未解明である．1999年にはスタンフォード大学のミノー（Emmanuel Mignot）らがイヌの遺伝性ナルコレプシー（突然脱力発作を起こしてその場に倒れ込んで寝てしまう病気）の原因がオレキシン受容体遺伝子の異常であることを突き止め，睡眠・覚醒を調節する物質であることが明らかになった．ただし，ヒトのナルコレプシーの原因は自己免疫によるオレキシン神経の破壊であって遺伝子異常ではないと考えられている．

オレキシンを含有する神経細胞の細胞体は視床下部の外側野，脳弓周囲領域，

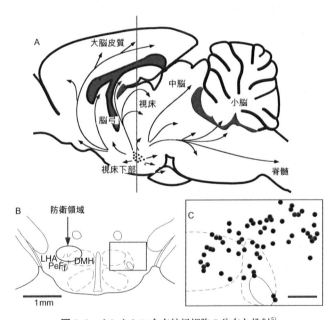

図2.6 オレキシン含有神経細胞の分布と投射[5]
A：ラット脳の矢状断面図に細胞体（黒丸）の分布と軸索投射（矢印）を示した．細胞体は視床下部にのみ限局して存在しているが，軸索投射は脳のほぼ全域に広がっている．
B：図Aに縦線で示した部分に相当するマウス脳の横断面．防衛領域は背内側視床下部（DMH），脳弓周囲領域（PeF），外側視床下部（LHA）の一部にまたがる．
C：図Bにボックスで示した部分におけるオレキシン含有細胞の分布．バーは200 μm．

背内側核のみに存在する（図2.6）．その一部である脳弓周囲領域と視床下部背内側核は，2.2節 c 項で述べた防衛領域とオーバーラップしている．視床下部外側野は視床下部の外側に位置し，ここの破壊は死に至るほど食欲を減退させ，ここの刺激は摂食を促進することから，摂食中枢として知られている．ちなみに満腹中枢は視床下部腹内側核である．視床下部外側野にはオレキシン含有神経細胞，メラニン凝集ホルモン含有神経細胞（melanin-concentrating hormone：MCH）が混在するが，オレキシンと MCH は１つの神経細胞には共存していない．これらの投与は摂食を促進するが，オレキシンは主としてエサを捜す行動に，MCHは主として空腹に耐えてエネルギーを温存する行動に関与すると考えられている．視床下部外側野は摂食のほか，飲水および報酬・動機づけを司る脳領域（それぞれ飲水中枢，報酬系と呼ばれる）の一部を構成する．

　一方，オレキシンを含有する神経細胞の軸索は脳内の広範囲に投射し，様々な生理機能を担うだけでなく複数の神経系を一斉にコントロールするのに都合の良い形態をしている．その投射先には名称の由来である食欲を司る神経核，その後明らかになったオレキシンの機能である覚醒維持を司る神経核を含む．実際，ラットで記録されたオレキシン神経活動は睡眠時に最低であり，覚醒時に増加，ストレス状況など注意・覚醒度上昇時にさらに増加する．睡眠中は徐波睡眠時に最低であり，REM 睡眠時には覚醒時ほどではないが活動が増加する．脳脊髄液中または視床下部内のオレキシン濃度測定によってもおおむね同様の結果が得られている．なお，オレキシン含有神経細胞にはオレキシンとともにその他の神経伝達物質候補（ガラニン，ダイノルフィン，グルタミン酸など）も含まれている．それらの役割については次の b 項で述べる．

　オレキシンニューロンの投射先は循環・呼吸のホメオスタシスを司る神経核にも及んでいる（図2.7）．孤束核をはじめとする循環・呼吸などの内臓感覚の入力核と，吻側延髄腹外側部をはじめとする出力核の両方にまたがり，まさにホメオスタシス回路を一時的に修飾し，体内環境の目標値を安静時のものではなく，ストレス状況に応じた目標値にリセットする神経回路ではないかと考えられた．

b. オレキシンはストレス防衛反応の自律神経出力・身体反応出力を仲介する

　オレキシンが防衛反応の出力を中継する神経伝達物質ではないかという我々の仮説を検証した一連の研究結果は，以下の８点にまとめることができる[8-14]．

2.4 オレキシン:情動と自律神経との接点

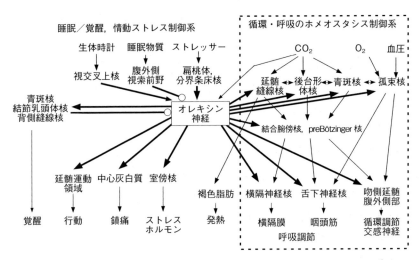

図 2.7 行動制御・情動系と内部環境制御系とを結びつけるオレキシン神経[5]
オレキシン神経の入出力(太線)のうち,本文に関係するもののみを示した.矢印は興奮性,○は抑制性結合を示す.その他の神経回路は,表記されていない神経核を介する間接的な結合も含めて簡略化して1本の線で示している.オレキシン神経は,ホメオスタシス制御系の入力側(孤束核など,上方)にも出力側(吻側延髄腹外側部など,下方)にも影響を及ぼしている.

①オレキシンを脳室内に投与すると,循環・呼吸の同時活性化が引き起こされる.

②オレキシン欠損マウス(オレキシンノックアウトマウスおよびオレキシン神経細胞特異的破壊マウス)では安静状態の血圧が野生型マウスよりも約 20 mmHg 低い.血管収縮性交感神経の基礎活動量低下が原因だと思われる.一方,心拍数や呼吸の基礎値は野生型と同じである.

③麻酔したオレキシン欠損マウスの防衛領域をビキュキュリンの微量投与によって脱抑制(活性化)しても,野生型マウスで見られるような血圧・心拍数・呼吸数・1回換気量の増加,内臓から骨格筋への血流シフト,動脈圧受容器反射の抑制(ストレスや運動時には高血圧状態を維持するために安静時の血圧安定機構は抑制され,動作域が高血圧側にシフトする),脳波の速波化(覚醒度の指標)が起こらない.

④無麻酔のオレキシン欠損マウスにエアージェットあるいは縄張り侵入者の同居というストレスを与えても血圧,心拍数,行動量の増加がほとんど起こらない.

⑤オレキシンノックアウトマウスではストレス誘発鎮痛(ストレス時には痛み

の閾値が上昇するという現象で,交感神経とは関係ないが防衛反応の特徴の1つ)が起こりにくい.

⑥ストレス誘発発熱に関しては予想に反した結果が得られた.上述のストレス防衛反応に伴う循環・呼吸の変化とは異なり,オレキシン神経細胞特異的破壊(オレキシンと共存伝達物質がすべて欠損している)マウスでは消失していたストレス誘発発熱がオレキシンノックアウト(オレキシンを欠くが共存伝達物質は存在する)マウスではほぼ野生型マウスと遜色なく観察された.つまり,ストレス誘発発熱に関しては,オレキシン含有神経が重要であるという結論は変わらないが,そこで活躍する神経伝達物質はオレキシンそのものではなく,オレキシン含有神経細胞にオレキシンとともに含まれるその他の神経伝達物質候補(ガラニン,ダイノルフィン,グルタミン酸など)の中のいずれかであると推測される.なお,ストレスの種類を,マウスを拘束するという情動ストレス以外にも低温環境暴露や感染症を模したプロスタグランジンE2の投与に変えても結果は同じであったので,オレキシン神経のストレス誘発発熱における役割はストレスの種類に依存しない一般的なものである.

⑦辺縁系に属し五感を通じた外界からの情報の生物学的価値判断を担う神経核(つまり,防衛領域の1段階前の神経核)である扁桃体および分界条床核を刺激した時の循環・呼吸の活性化もオレキシン欠損マウスではほとんど起こらない.

⑧電撃,拘束,低温暴露などのストレスや扁桃体・分界条床核の直接刺激でオレキシンニューロンが活性化される.

以上の結果からオレキシン神経は,基礎血圧の決定に一部関与し,さらに循環・呼吸・鎮痛・覚醒・行動という複数の出力系を一斉に変化させる「防衛反応のマスタースイッチ」として機能していると結論された(図2.8).なお,少なくとも循環と呼吸に関してはオレキシンノックアウトマウスでもオレキシン神経細胞特異的破壊マウスでも同様の結果が得られたことから,オレキシンそのものが重要であると結論される.オレキシン含有神経細胞にオレキシンとともに含まれるその他の神経伝達物質候補の役割は,ストレス誘発体温上昇に限定されたものと考えられた.

防衛反応とは異なるが,パニック発作時の昇圧と心拍数上昇にもオレキシンが不可欠であることが,視床下部領域のGABA産生抑制と乳酸の静脈内投与によるラットパニックモデルを用いて示されている[15].また,うつ病を併発していな

2.4 オレキシン：情動と自律神経との接点

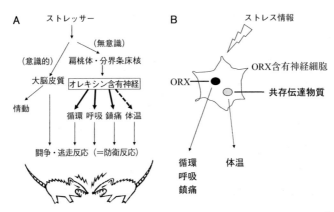

図2.8 防衛反応のマスタースイッチとしてのオレキシンニューロン[5]
A：ストレス情報が闘争・逃走行動（防衛反応）として出力されるまでの脳内神経回路の模式図．大脳皮質に伝えられた情報は怒りなどの情動を喚起するとともに闘争または逃走行動を引き起こす．一方，意識下では扁桃体・分界条床核を経由して視床下部のオレキシンニューロンに情報が伝えられる．オレキシンニューロンはその軸索末端からオレキシンを放出することで循環器・呼吸器の活性化と痛覚の抑制を一斉にトリガーする．
B：オレキシンニューロンは同時に，共存伝達物質の放出を介して体温を上昇させる．これら無意識で起こる主として内臓系の反応を一斉に触発するのがオレキシンニューロンの役割であると考えられる．

いパニック症候群患者では脳脊髄液中のオレキシン濃度が対照に比べて有意に高値であった[15]．健常であれば防衛反応という正常な生理反応の範囲内ですんでいたものが，オレキシン神経への抑制が弱い状態だと，反応が過大になってしまう可能性を示唆したものと解釈できる．また，自然発症高血圧ラットにオレキシン受容体ブロッカーを投与すると血圧が正常化したという最近の報告[16]は，白衣高血圧のようなストレス依存性高血圧だけでなく，原因不明の本態性高血圧の一部にオレキシン神経の過活動が関与していることを示唆している．

前述のようにオレキシン神経細胞が脱落するとナルコレプシーを発症するので，オレキシンは睡眠覚醒サイクルの覚醒相のスイッチを入れる物質とも考えられている．覚醒・注意レベルと代謝要求とは，睡眠中＜安静覚醒時＜活動時（ストレスや運動など）の順に増大する．安静覚醒時においてもオレキシン神経は自律神経系出力に何らかの影響を及ぼしていると考えられるが，安静時よりもさらに覚醒度が高いストレス状況下において，オレキシン神経が上述の防衛反応の

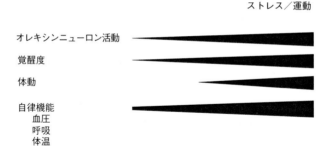

図 2.9 オレキシンニューロンの活動度と身体状況（行動と自律神経機能）との関係

オレキシンニューロンの活動度上昇と行動（体動）や自律機能（呼吸，循環，体温）の増強とはよく相関する．本文で説明したようにオレキシンを欠損すると後者の増強が抑えられるので，この相関は偶然の一致ではなく因果関係であると考えられる.

マスタースイッチとしての役割を果たすことは合目的的であると言えよう（図2.9）．オレキシン神経は，情動・行動などの意識にのぼる脳機能と，それを裏打ちする内部環境の無意識的な制御とを橋渡しする要の役割を担っていると理解でき（図2.7），活き活きとした生活に欠かせない神経である．実際に欠損マウスは多くの時間じっとしている文字通りクールなマウスである．しかしながら，その活動が病的に亢進すると交感神経活動の異常亢進を介して循環器に悪影響を及ぼす可能性も十分考えられる．

2.5 快 情 動

a. 快情動の脳内回路[1]

これまで説明してきた情動と自律神経との関係，そしてその結節点としてのオレキシン神経の役割は，主として怒りや恐れなどの不快情動に関するものであった．実際，不快情動の脳内メカニズムの研究の方が快情動のそれよりも進んでいる．その理由としては次の2点が考えられる．1つ目は実験動物を使った研究では不快情動の方が随伴する行動上の変化が顕著なので研究しやすいこと，2つ目は不快情動の方が病気との関連が明瞭なので医学・医療上の要請が強いことである．

しかし，快情動の脳内回路が全く未知というわけではない．最初のブレークス

ルーは,ヘスによる防衛反応の部位特定 (2.2節 c 項参照) の少し後の 1954 年に,オールズ (James Olds) とミルナー (Peter Milner) によるラットの脳内刺激実験によって得られた「報酬系」の発見である.自由行動下のラットの脳内を電気刺激する実験をしている最中に,脳の特定の部位を刺激した時だけラットが刺激を受けた場所に好んで戻ることを発見した.その部位の電気刺激が報酬や喜びに関係していると予想を立てた彼らは,ラットがレバーを押すと電極に電気が流れ,その部位の脳が刺激されるような実験装置を考案した.すなわち,電気刺激装置のオン・スイッチを,実験者ではなく被験者のラットの手に委ねたのである.すると予想通りにそのラットは好んでレバーを押すようになった.予想をはるかに超えて驚いたことに,そのラットは寝食も忘れてレバーを押し続け自己刺激を得ようとした.逆に,レバー押しによって電気刺激が中断になるようにした時にだけ好んでレバーを押すような脳部位も存在した.前者は報酬部位,後者は嫌悪部位と名づけられた.

　報酬部位と嫌悪部位はいずれも視床下部に存在しており,前者は視床下部外側部,後者は視床下部内側部に相当する (図 2.10).報酬部位を刺激すると,性行動,飲水,摂食といった本能行動が解発されるので,脳内自己刺激による報酬系に対して本能行動による満足や快感は自然報酬とも呼ばれる.報酬部位の活性化が快情動そのもの,すなわち報酬をもたらすのか,報酬を得ようとする動機付けに関係しているのか,あるいはその両方か,という点に関しては最終結論に達していない.不快情動の方が快情動よりも医学・医療上の注目を引きやすいと書いたが,報酬系は薬物依存の基盤と目されており麻薬依存症研究分野では大いに注目されている.実際,寝食を忘れてしまうほどの脳内自己刺激効果は,薬物依存症の渇望・依存状態に酷似している.

b. 快情動とオレキシン

　図 2.10 に示したように,オレキシン含有神経細胞は視床下部の報酬部位と嫌悪部位にまたがって存在している.内側寄りの嫌悪部位とオーバーラップする部分に存在するオレキシン神経は,前節まで説明してきたストレス防衛反応という不快情動に伴う身体反応に関与している.一方で,視床下部外側部に存在するオレキシン神経は快情動や薬物依存に関係している[17].報酬を与えられたラットでは内側部ではなく外側部のオレキシン神経が活性化され,外側部のオレキシン神

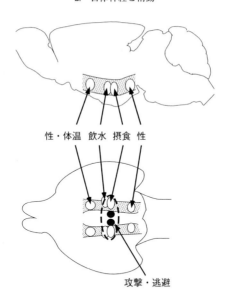

図 2.10 報酬部位と嫌悪部位
ネズミ（ラット，マウス）を用いた研究から得られた報酬部位（網掛け）と嫌悪部位（下段の図で報酬部位に囲まれた部分）の分布．上段は矢状面（脳を横から見た図），下段は水平面（脳を上から見た図）．性，体温，飲水，摂食という本能行動に関係した自然報酬部位は電気刺激による報酬部位と重なり，攻撃・逃避反応を引き起こす部位は嫌悪部位と重なっている．下段にはオレキシン神経の分布域を点線で示した．

経を刺激すると薬物依存の再燃現象（薬物に対する依存がいったん消失しても些細なきっかけで再度依存状態に陥ること）が起こる．また，オレキシン神経が欠損したナルコレプシー患者において脱力・睡眠発作を引き起こす最適刺激は笑いなどの快情動を伴うイベントである．ナルコレプシー犬やナルコレプシーマウスにおいても，餌やチョコレートなどが発作を劇的に増加させる[18]．最近では，ヒトの扁桃体におけるオレキシンの放出量を測定した研究から，被験者が嬉しいと感じた時には増加し，悲しいと感じる時には減少することが報告された[19]．被験者は難治性てんかん患者で，てんかんの異常脳波発生源を同定するために扁桃体（2.2節 c 項参照）にマイクロダイアリシスチューブ（腎透析で使用されるものと類似した膜を張ったチューブ）を埋め込まれ，チューブを通して回収された脳内物質の定量が行われたのである．なお，この研究では肯定的感情の時だけでなく，怒り，社会的交流（医師，看護師や家族との会話），睡眠から覚醒への移行

でもオレキシンが増加した．ナルコレプシー患者ではきわめて高頻度にうつ病の併発が見られることと，悲しみでオレキシンが減少することとが関係しているかもしれない．つまり，快・不快にかかわらず興奮性の情動ではオレキシン神経が活性化し，鎮静性の情動では抑制されるようである．

2.6 まとめと将来展望

　情動という意識にのぼる脳内過程と自律神経系による呼吸や循環の調節という無意識の脳内過程は基本的には独立しているので，特殊な条件や病的な状態では分離することがある．常識に反して「悲しい」と「泣く」とは原因と結果の関係ではなく，並列した脳内過程である．しかしながら，正常な脳では意識過程と無意識過程は相互に密接な影響を与え合っており，自律神経系による身体反応を測定することは信頼に足る情動の推測手段となりうる．それゆえ，物言わぬ実験動物を使って情動の脳内メカニズムの研究が可能になる．感情と理性とはしばしば対をなす概念として語られるが，実際には両方とも意識にのぼる脳内過程である．しかし感情（情動の内部表現）は無意識過程と不可分と思えるほど強力にリンクしているので御しがたいし，それだからこそ無意識のうちに外界や身体状況の影響を受けてしまう．病は気からと言うが，気（意識）に至らずに無意識の領域の反応（反射という）だけで健康状態をコントロールするのも可能かもしれない．

　視床下部に存在するオレキシン神経は，情動と自律神経活動とを結びつける脳内構造として必須の存在である．怒りや喜びという興奮性の情動に関連して活性化され，悲しみやうつという鎮静性の情動で抑制されることによって，それぞれに対応した身体反応を司っていると考えられる．

　睡眠とは単なる覚醒の低下ではなく積極的な睡眠メカニズムも存在すると考えられている[20]ので，それとのアナロジーから，鎮静性の情動で活性化する脳内メカニズムが副交感神経系を活性化して積極的にリラックス状態を作り出したり活動からの回復を担ったりしている可能性もあるのではないかと筆者は考えている．この可能性は未だ検証されていないが，アロマテラピーやヨーガなどの民間療法的リラックス術の脳内機構研究から道が拓けるのではないかと期待されている．

[桑木共之]

文　献

1) 堀　哲郎：脳と情動—感情のメカニズム（大村裕，中川八郎編），共立出版，1991.
2) 尾仲達史：情動．脳とホルモンの行動学—行動神経内分泌学への招待（近藤保彦ほか編），pp. 143-157，西村書店，2010.
3) 日本ストレス学会，パブリックヘルスセンター監修：ストレス科学事典，全実務教育出版，2011.
4) 下條信輔：サブリミナル・マインド—潜在的人間観のゆくえ，中公新書，1996.
5) 桑木共之：ストレスと中枢性循環調節．呼吸と循環，**60**：275-282，2012.
6) 桑木共之：攻撃行動と呼吸．呼吸の事典（有田秀穂編），pp. 347-354，朝倉書店，2006.
7) Korte SM et al: The Darwinian concept of stress: benefits of allostasis and costs of allostatic load and the trade-offs in health and disease. *Neurosci Biobehav Rev*, **29**: 3-38, 2005.
8) Kayaba Y et al: Attenuated defense response and low basal blood pressure in orexin knockout mice. *Am J Physiol Regul Integr Comp Physiol*, **285**: R581-R593, 2003.
9) Zhang W et al: Respiratory and cardiovascular actions of orexin-A in mice. *Neurosci Lett*, **385**: 131-136, 2005.
10) Watanabe S et al: Persistent pain and stress activate pain-inhibitory orexin pathways. *Neuroreport*, **16**: 5-8, 2005.
11) Zhang W et al: Orexin neuron-mediated skeletal muscle vasodilation and shift of baroreflex during defense response in mice. *Am J Physiol Regul Integr Comp Physiol*, **290**: R1654-R1663, 2006.
12) Zhang W et al: Orexin neurons in the hypothalamus mediate cardiorespiratory responses induced by disinhibition of the amygdala and bed nucleus of the stria terminalis. *Brain Res*, **1262**: 25-37, 2009.
13) Zhang W et al: Orexin neurons are indispensable for stress-induced thermogenesis in mice. *J Physiol* (London), **588**: 4117-4129, 2010.
14) Takahashi Y et al: Orexin neurons are indispensable for prostaglandin E2-induced fever and defence against environmental cooling in mice. *J Physiol* (London), **591**: 5623-5643, 2013.
15) Johnson PL et al: A key role for orexin in panic anxiety. *Nat Med*, **16**: 111-115, 2010.
16) Li A et al: Antagonism of orexin receptors significantly lowers blood pressure in spontaneously hypertensive rats. *J Physiol* (London), **591**: 4237-4248, 2013.
17) Harris GC, Aston-Jones G: Arousal and reward: a dichotomy in orexin function. *Trends Neurosci*, **29**: 571-577, 2006.
18) Oishi Y et al: Role of medial prefronatal cortex in cataplexy. *J Neurosci*, **33**: 9743-9751, 2013.
19) Blouin AM et al: Human hypocretin and melanin-concentrating hormone levels are linked to emotion and social interaction. *Nat Commun*, **4**: 1547, 2013.
20) 桑木共之：呼吸器系と睡眠．睡眠学（日本睡眠学会編），pp. 131-135，朝倉書店，2009.

香りと情動

3.1 嗅覚と脳

a. 嗅覚を理解する意味

　近年，パーキンソン病（Parkinson's disease：PD），アルツハイマー病の初期症状として嗅覚障害が報告されている．PDにおいては，振戦や歩行困難などの主症状が現れるおよそ7年前から嗅覚障害が現れることがわかってきた．また運動障害のみではなく他者の表情から感情を汲み取る表情認知の障害や社会性の欠如など，情動面での障害も多く研究されてきている．嗅覚障害とともにこれらの情動的な障害，社会性への欠如が同時に認められるとはどのような機構によるものであろうか．

　ヒトにおける大脳皮質には6層からなる等皮質（新皮質）と5層以下の皮質からなる不等皮質（古皮質・原始皮質）があり，嗅覚に関する皮質は新皮質よりも系統発生学的に古い古皮質である．

　古皮質，または旧脳とはすなわち梨状葉，嗅内野皮質（海馬体へ連結），扁桃体を含む脳部位であり，嗅覚とともに情動に深く関係した部位であることは言うまでもない．上記の病態が旧脳から障害を受け，またその部位と深く関連する情動面においても影響を与える機構を把握することは重要であり，嗅覚の経路を理解することは情動から感情に至る脳内プロセスを理解する上でも大切であると考えられる．

　これまでに上記の両患者に嗅覚検査を施行してきたが，患者の多くは自分が匂いを感じないということに気づいていないケースが多い．ヒトにおいては外部情報を視覚・聴覚から得ることが多く，嗅覚から情報を得ることは動物と比較して少ないといえよう．動物は敵の有無，性行動への衝動，食物の獲得など生命を維持していくための重要な情報のほとんどを嗅覚によって得ている．動物における

情動の変化は嗅覚とともにあるといってもよい.

また近年,動物における匂いを嗅ぐ動作（sniffing）はただ香りを嗅ぐという行為だけではなく動物間での重要なコミュニケーションのツールであることもわかってきている.香りを嗅ぐ行為は呼吸に深く関係しており,我々は息を吸わなければ香りを嗅ぐことはできない.ここに嗅覚-呼吸,そして呼吸-情動というつながりが成立する.

現代では多くの情報を視覚的,聴覚的に容易に得られる時代である.またそれらの情報からさらに高次機能を司る大脳新皮質を介し意思決定をしながら日々を送っている.意思・判断を司る新皮質は旧脳の上に覆いかぶさり,旧脳での重要な役割さえも潰されそうな形である.本章では嗅覚の原点に立ち返り,情動との関連性を理解していく.

b. 嗅覚情報の経路と脳の発達

香り分子は息を吸うことにより鼻腔に到達する.表面の上皮組織中に存在する嗅細胞に運ばれ,そこから軸策を伸ばして嗅球に入る.嗅球のニューロンの軸策は嗅神経となり,1次嗅覚野に達する.1次嗅覚野の近年での定義は嗅球から直接投射を受ける部位とされ[1],嗅結節,梨状葉,扁桃体の皮質前部,傍扁桃体,吻側嗅内野皮質を含む（図3.1）.後に嗅内野皮質から海馬体へ投射する.最終

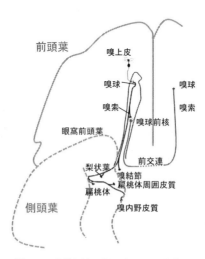

図 3.1 嗅覚経路の脳下部からの概観図

的に香りの認知，および感情を認識するのは眼窩前頭葉であるが，眼窩前頭葉への入力は梨状葉，嗅内野皮質，扁桃体からの情動，記憶想起の情報を受け，最終的な情報をまとめる香りの総合的な部位でもある[2]．また梨状葉の錐体細胞は前頭葉，扁桃体，嗅内野皮質，島皮質へと広がっており，この部位自体も情報を連合させる働きを持つ．これら解剖学的特徴からもわかるように，嗅覚は視覚，聴覚，触覚などの感覚と異なり視床を経由せずに直接辺縁系に到達することが大きな特徴である．大脳辺縁系とはすなわち上記した嗅覚に関連した部位であり，情動，記憶の中枢である．

なぜ嗅覚が視床を介さずに辺縁系に到達するかは脳の発達からみることができる．脊椎動物の脳の原設計は終脳，中脳，小脳，間脳，延髄である．情報処理の原設計は嗅覚の情報は終脳に，視覚は終脳に，聴覚・平衡感覚は小脳に，味覚は延髄で処理されることにあった．それらの感覚情報は間脳(視床および視床下部)に集結し，そこから様々な出力を行う．嗅覚情報も終脳の後に間脳に到達する設計である．しかし，高次の情報を処理する高等脊椎動物では嗅覚情報を処理する終脳を拡大させ，大脳とした．感覚の終着地点が大脳であるとすると，間脳は経由地にすぎなくなる．本来，終脳に位置していた嗅覚は経路の変更はなく，これまでのまま間脳（視床）を介さずに情報を処理することになる．

3.2 呼吸，情動，そして嗅覚

a. 嗅覚と呼吸

嗅覚の情報は1次嗅覚野からさらに高次機能へ連絡すべく，扁桃体，海馬傍回前部である嗅周皮質，嗅内野皮質，海馬を介しさらには眼窩前頭葉，島へ投射する．空気中に存在する匂い分子は呼吸の吸息によって運ばれ,上記の大脳辺縁系,傍辺縁系に至る．これらの部位は香りを嗅いでいる時の呼吸の吸息に同期して賦活する．すなわち1呼吸，1呼吸がこれらの部位に刺激を与え，吸息とともに活動することを意味する．また香りを嗅ぐことによりその呼吸が変化をする[3]．良い香りであれば呼吸がゆっくりと深くなり，不快な香りであれば短く速い呼吸となる（図3.2）．この現象は，なぜ様々な感情，例えば怒り，悲しみ，喜びの状態の時に呼吸が変化するのかという機構にも関与している．

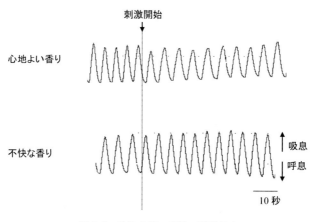

図3.2 香りを嗅いだ時の呼吸反応

b. 呼吸と負の情動

　生体が生きていくためには呼吸は不可欠であり，酸素を取り入れ，二酸化炭素を排出し体内の恒常性機能を担う重要な役割を持つ．その制御は延髄でなされている．また呼吸は随意的に大きく，深くなど変化させることができ大脳皮質の運動野が関与しているといわれている．そしてさらに情動によっても変化し，怒り，悲しみ，または喜びによって無意識に呼吸が変化することが報告されている．嗅覚と同じく，負の感情は呼吸数の上昇がみられ，また喜びなどの正の感情は呼吸数の減少が認められる．情動の中心は扁桃体であるが，この部位が情動にも嗅覚にも関連していることは興味深い．動物実験において扁桃体に刺激を与えると怒りを表出し，また両側の扁桃体を摘出したサルでは，恐怖を抱くべき外的物質（例えば蛇など）に恐怖感を抱かなくなる．また呼吸においては扁桃体への電気刺激は呼吸数の上昇がみられる．ヒトにおいても扁桃体への電気刺激により呼吸が促進する報告がある．恐怖や不安などの負の情動が湧いた時，同時に呼吸数の上昇がみられるのはその部位が情動と呼吸両者に関与していることによる．

　呼吸を制御する部位は延髄であるが，情動とともに変化する情動性呼吸が存在し，その中枢は扁桃体を中心とする大脳辺縁系であることがわかってきた．その情動性呼吸は時に延髄で制御される呼吸より優位になり，呼吸数を促進させる場合がある．パニック症候群，不安症候群などの過度な呼吸促進は，扁桃体の活動の増加に伴う不安，恐怖の情動によるものである．また不快な香り，さらには不

快な記憶と結びついた香りも呼吸数を上昇させる．過度な呼吸促進は体内の二酸化炭素を過度に排出し，手足のしびれ，意識喪失などの症状を引き起こすこととなる．前述したように，嗅覚情報は扁桃体や海馬体に直結している．香りの刺激によって情動変化，記憶想起は強く，何年経ってもその結びつきは強く残る場合がある．それだけに香りを使ったセラピーやリラクセーションには適切な知識に基づいた施行と施術を行う際のクライアントの状態を把握すること，また取り巻く他者への配慮が必要となってくる．

c. 呼吸と心地良い香り

　不安や恐怖といった負の情動や不快な香りと同時に呼吸数が高まるのは，扁桃体の賦活がともにあることは理解しやすい．逆に正の感情で呼吸がゆっくりと深くなるとはどういう意味を持つのか．負の情動や不快な香りのみではなく正の感情によっても扁桃体を介する．なぜ呼吸数は上昇しないのであろうか．
　我々は経験的に緊張や不安を感じた時，大きく息を吸う．そして緊張感が軽減されることがある．呼吸は延髄，大脳辺縁系に関与し，さらには自ら随意的に変化させることができ，それは大脳新皮質の運動野が関与している．このような実験を試みた．意図的に不安感を起こさせ，その時に随意的にゆっくりと深い呼吸を行ってもらう．不安感は呼吸数を上昇させるが，逆に自分でゆっくりとした呼吸を行ってもらったのである．すると，随意的にゆっくり呼吸をした時の方が，何もしなかった不安時に比べ不安感が減少した．これは不安により扁桃体が賦活し，同時に呼吸数が上昇するが，それを上位脳から随意呼吸という形で抑制することにより扁桃体の活動を抑制する方向へ働き，同時に情動面でも軽減がみられることを意味している．これを香りに当てはめてみるとどうであろうか．
　心地よい香りによって呼吸数は減り，ゆっくりと深い呼吸となる．近年の脳機能マッピング法により，心地良い香りは不快な香りよりも多くの部位が関与していることが示されてきた．前述の大脳辺縁系とともに，眼窩前頭葉，運動野を含む前頭前野，中側頭葉などがより強い反応を見せる．1呼吸によって香りの情報が1次嗅覚野を介し，扁桃体を経て，海馬体で記憶と照合され，その香りが心地良いものと判断される．その情動評価によりその香りをもっと吸い込みたいという意思やまた随意呼吸も含まれてくる．良い香りと評価された背後にはその香りを記憶と照合し，その香りに結びついた空間や風景も引き出される．また，自分

自身が忘れていた記憶を呼び起こすことさえある．香りによって幼いころを思い出し，その風景を強く思い出すことは誰もが経験することであろう．海馬は空間認知を引き起こし，香りによって視覚野さえも賦活させる．

幼い時の風景，状況，取り巻く自己経験の記憶の想起を自伝的記憶（autobiographical memory）という．香りもまた自伝的記憶を強く想起させるものである．ある研究によると香り刺激による自伝的記憶の想起は同じ記憶内容に関連した視覚や聴覚刺激と比較し，より感情的に強く想起されることが示されている[4]．香りによる自伝的記憶の想起は海馬を強く賦活させ[5]，また同時に呼吸も深くゆっくりとなる報告がある．被験者に自伝的記憶に結びついた香りを特定してもらい，その香りを嗅いでいる時の呼吸と脳活動を測定した実験がある[6]．その香りは単に好ましいと思う香りと比較し海馬体が強く賦活し（図3.3），また呼吸が呼吸数の減少，1回換気量（呼吸の深さ）が増大していた（図3.4）．懐かしさ，香りへの親密性，感動といった感情が呼吸の深さに相関していることがわかった．

以上のように心地良い，または自分が良いと判断する時には，不快な感情よりもより複雑な情動，様々な感情が複数起こる故に，他領域の脳部位賦活がみられることがわかる．心地良い香り，または正の情動時のゆっくりと深い呼吸は，正の感情と最も連関した領域から扁桃体へ抑制性に働きかけることによる現象と考えられる．すなわち不安感は扁桃体の活動，呼吸数の上昇とともに湧き上がるが，良い香りで様々な脳部位が活動し，その情動に伴うゆっくりとした呼吸により，

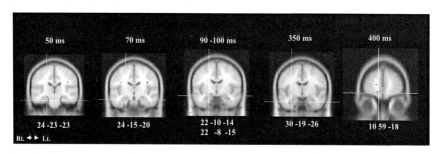

図3.3 自伝的記憶を想起する香水を嗅いだ時の脳活動部位を平均脳（MNI）冠状断面上に示したもの（文献6を改変）
上は吸息開始後からの時間（ms）．下はMNIの座標（x, y, z）を示す．吸息開始後50 ms，海馬傍回後部70 ms，海馬傍回前部90～100 msで扁桃体に，海馬傍回吻側350 ms，海馬傍回後部に350～400 msで眼窩前頭葉へ至る．Rt：右，Lt：左．

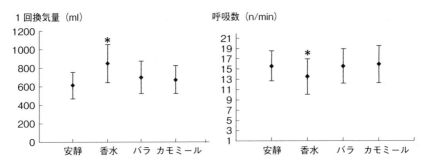

図3.4 自伝的記憶を想起する香水を嗅いだ時の呼吸反応（文献6を改変）
安静時，バラの香り（β-phenyl ethyl alcohol）（自伝的記憶を想起しない心地良い香り）とカモミール（自伝的記憶を想起しないニュートラルな香り）との比較．1回換気量：呼吸の深さ，呼吸数：呼吸回数．$^{*}p<0.05$．

扁桃体の活動を減弱させるということである．様々な脳部位とは，随意呼吸を司る運動野である場合や好ましい記憶を想起する海馬の賦活などが考えられるであろう．

香りによって呼吸が変わるのか，呼吸が変化するから情動が変わるのか疑問が残る．例えば，意図的に呼吸を深くすることで，よりその記憶に対する感動や歓喜の情動を想起しやすくなるという報告もある．その2つは相互に連関してほぼ同時に起こるものと考えられている．

d. 香りと記憶

これまでの動物における実験で，記憶の長期における固定化は徐波睡眠時(slow wave sleep：SWS)になされるという報告がある．記憶の中でも特に空間認知における記憶である．ヒトの空間記憶と香りについて機能的磁気共鳴画像で行った興味深い研究がある．物体がどこに位置するかというタスクを香りを嗅ぎながら記憶し，その香りを徐波睡眠時（Stage 3-4）に投与する．覚醒した時の正解率は，睡眠時に香りを嗅がずに記憶した群よりも睡眠時に香りを嗅いだ群の方が正解率が高いことがわかった．またレム睡眠時（rapid eye movement sleep：REM）に投与した群よりも正解率は良い．さらに海馬の賦活は徐波睡眠時に香りを刺激した方が覚醒時に刺激するよりも強い傾向を示していた[7]．嗅覚は呼吸に依存した感覚である．睡眠時でも呼吸をしている限り，嗅覚の情報は常に脳内に入ってくることになる．この記憶の固定化と徐波睡眠時，呼吸にはどのような機構がある

のだろうか.

　ラットにおいて徐波睡眠時における海馬体,扁桃体,梨状葉を含む大脳皮質全体のリズムは呼吸のリズムに同期していることを示した研究がある[8]. なぜ記憶の固定化が徐波により促進されるのかはいくつかの機構が考えられる. カルシウムの移行は紡錘体の活動によるものであるが,紡錘体の活動は徐波により促進される. その紡錘体の活動は新皮質の錐体細胞へカルシウム流入を促すのみではなく,繰り返される紡錘体でのスパイク放電が皮質シナプスの長期増強を促す効果もある. よって,徐波は皮質回路におけるシナプス連結を強化することにつながる. 徐波睡眠時では皮質全体が呼吸のリズムとともに徐波となり記憶の固定化に最適な状況を促す. この機構は,徐波睡眠下において香りを投与することにより空間的な記憶をより固定できることを示したヒトでの実験の結果にも結びつくであろう.

　また,ヒトの覚醒時において香りを嗅いだ時の呼吸に同期して脳波上に8～12 Hzの律動波が観察され,このα帯域の律動波の発生源は嗅内野,扁桃体を中心とする嗅覚関連辺縁系であることが示されている[3]. いかに脳内のリズムが嗅覚と呼吸に敏感に変化するかがわかる現象である.

　良い香りを嗅いだ時にリラックスできる,または香りはなくとも深くゆっくりとした呼吸をすることにより気分が良くなるという現象は,脳内のリズムを一掃しリセットすることによると考えられよう.

3.3　嗅覚と病態

a. 嗅覚障害と病態

　近年,PD,アルツハイマー病において嗅覚障害が報告されている. 最初にPD患者においての嗅覚障害を報告したのは1980年代である. PDにおいてアミルアセテートを用いた検知閾値測定法を施行し,年齢が一致した健常者よりも嗅覚閾値が優位に上昇していることを報告した. PDにおける嗅覚障害の研究は世界的に広く検査法として用いられているUniversity of Pennsylvania Smell Identification Test (UPSIT)を用いたドティ (Doty)ら[9]によるものがある. UPSITは40種類の香りが封入した試験紙をスクラッチし,その発する香りの種類を4つの選択肢から同定する検査法である. UPSITは海外では広く普及しているが,文化圏の違いから使用する匂い物質の識別が困難なため(例えばルート

ビアの香りやパンプキンパイの香りなど），日本ではT&Tオルファクトメータ（高砂香料）が使用されている．T&TオルファクトメータとUPSITの相関性は高いと報告されている．この研究では，81例のPDを検査したところ香りの種類の同定がPDにおいては健常者と比較し有意に低スコアであり，香りを感じる閾値濃度が有意に高いことが示された．また発症年数とUPSITのスコアとの関連性はなく，運動機能，振戦の度合いにも相関は認められない．またレボドパの治療のon/offの影響を受けないことが確認された．

　ブラーク（Braak）による分類ではα-シニクリンやレビィー小体の凝集が徴候前1〜2のステージでは脳幹・橋被蓋，嗅球，前嗅核に始まり，徴候前3〜4ステージでは黒質，中脳と前脳の灰白核（nuclear gray）に移行する．5〜6ステージでは新皮質にまで至る．レビィー小体の出現が黒質に先行して嗅球に出現すること，また腸管を含めた神経再生がなされる部位に初期症状が認められることが報告されている．PDにおける嗅球と嗅索の剖脳検からレビィー小体の凝集が嗅細胞前部，また僧帽細胞にも認められ，皮質では帯状回前部，海馬傍回に多く観察された．また海馬CA2において多くの軸索突起の膨張が見られ，レビィー小体型痴呆症（Lewy body disease）の特徴と似た病状であることがわかった．これらの病理学的知見からPDにおける嗅覚の低下がレビィー小体出現と神経細胞の変性に関連した症状であるといえる．現在のところ嗅球の変性による嗅覚障害がPDの特徴ともされるが，レビィー小体の構成蛋白でもあるα-シヌクリンの発現はレビィー小体型痴呆症，アルツハイマー病，多系統萎縮症の患者とPDに差はなく，また健常者においても差が見られない．PDにおいての扁桃体でのレビィー小体を伴った神経変性は多く報告がある．扁桃体の変性脱落は臨床的に認められる表情認知障害[10]，嗅覚障害にも関与する．またこれらの病態は初期として嗅覚障害とともに，表情認知や社会性の低下も報告されている．

　解剖学的に扁桃体は外側基底核（lateral nucleus），基底核（basal nucleus），外側基底核（basolateral nucleus）と内側基底核（basomedial nucleus），内側皮質部（corticomedial）中心核（central），内側核（medial），皮質部（cortical nucleus）に分けられるが，レビィー小体の凝集は扁桃体全領域に認められ，神経細胞のとる4%を占める．また扁桃体のボリュームの20%が減少し，レビィー小体の凝集は扁桃体皮質部，外側基底核に多く認められた．ヒトの梨状葉は扁桃体の皮質部，鉤，嗅内野皮質を含み，よって扁桃体皮質部は嗅球と連絡が非常に

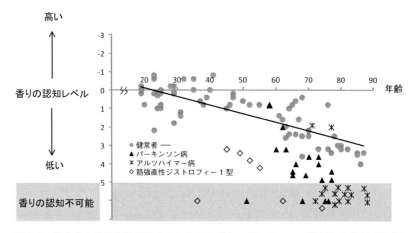

図 3.5 健常者と神経変性疾患患者における香りの認知レベル（縦軸）と年齢（横軸）との相関（文献 11 を改変）
縦軸上方は認知レベルが高いことを示し，下方は認知レベルが低いことを示す．横軸は年齢を示す．縦軸，下方レベル 5 以上は香りの認知が不可であることを示す．健常者においても年齢とともに嗅覚の認知レベルは低下していくが，PD，アルツハイマー病，筋強直性ジストロフィー 1 型などの神経変性疾患では年齢が一致した健常者と比較し，認知レベルが極度に低下している．しかしほとんどの患者は嗅覚が低下していることに気づいていない．この嗅覚低下は発症前より認められる．

密な部位であることも PD の嗅覚障害の一因であることが推測される．

　日本において PD, アルツハイマー病，筋ジストロフィーなど神経変性疾患を対象に嗅覚検査を行ったところ，年齢が一致した健常者と比較し，香りの検知レベル（匂いがするのがわかる）には差が認められないが，香りの認知レベル（匂いを嗅いで何の香りかわかることができる）に差が認められた[11]（図 3.5）．またアルツハイマー病の患者においては香りの検知，認知の両者ともが損傷されている場合もあった．年齢と比例して，嗅覚の検知・認知は低下のラインを示すが，逸脱して嗅覚レベルに低下が認められる場合には注意が必要である．現在では嗅覚レベルを検査することにより，治りにくい脳の病気の早期発見の指標として臨床において応用されつつある．そのほか，統合失調症，双極性障害，鬱病の初期症状としても嗅覚障害が観察される．統合失調症と診断されうる危険性を伴う患者群において，磁気共鳴画像から嗅溝（olfactory sulcus）の深さを測定することで今後の進行度を予測できうるという報告もあり[12]，嗅覚のレベルを主観的に測定するだけではなく，磁気共鳴画像から形態学的に測定することも可能となっ

てきている.

b. 情動と病態

　PDの患者に心地良い香りと不快な香りを嗅がせ，情動レベルと呼吸の反応をみた研究がある．健常者と比較し，嗅覚テストにおける認知レベルは低下が認められた．また心地良い香り，不快な香りに対する情動レベルも低下が認められた．PDでは不快な香りに対する呼吸反応——すなわち浅くて速い呼吸（呼吸数増加，1回換気量低下）は健常者と同じように認められるが，心地良い香りに対する深くゆっくりとした呼吸反応は認められなかった．また，香りに対する情動レベルも心地良さの方が不快さに対して低スコアであった．

　嗅覚障害はPDの主な初期症状より以前に認められるが，その中でも不快な香りより良い香りの刺激の反応に乏しくなることから始まるといえよう．また，香りだけではなく，喜び，感動，意欲などを含めた正の情動全般の低下も，同時に認められる．前項でも述べたように，正の感情は広領域の脳の反応を示す．またその反応の広がりは扁桃体を中心とする大脳辺縁系がどの程度賦活するかによる．負の情動は非常に基本的な情動であり，ある程度万人に共通であるのに対し，正の情動を決定するのは経験，記憶想起，または意思，意欲といった多要素が含まれ，他領域の脳の賦活となる．PDにおける心地良い香りに対する反応の低下，意欲低下，記憶想起の困難さは嗅覚と情動の両者が関与した大脳辺縁系から神経の変性に起因するといえよう．

3.4　社会の中での香り，呼吸

a. コミュニケーションとしての香り

　近年の研究から動物におけるsniffing行動は単に匂いを嗅ぐという行為だけではなく，動物間での情報交換や，ヒエラルキーを示す行動として報告されている．あるラット1がどこかでバナナを食べたとする．ラット1は，その場から離れ，ラット2と向き合いsniffingをする．ラット2は後日，バナナとリンゴを提示されると必ずバナナを選ぶというのだ．またある2匹のラットが最初に向き合いsniffingをすると，社会的に優位な立場にあるラットのsniffingの数と深さは劣勢のラットと比較し著しく増加していることが示された[13]．

　嗅覚情報は動物にとって生死を分ける感覚であるとともに，その嗅覚に関わる

sniffing の行動が社会でのコミュニケーションのツールとなっていることは興味深い.

現代では「空気を読めない」という言葉が使われる.香りを嗅ぎ,その香りが何であるかはまさに空気を読むことである.その空気を読む機構,すなわち嗅覚の機構が危ぶまれるということは,同じ脳部位である辺縁系に異常が発生しているということである.それは,さらには人の表情から状況を見抜くことができない,コミュニケーション能力の低下など社会への適応能力の低下を引き起こす可能性をも秘めている.動物であればその機構の障害は致命的なものといってもよい.我々はしばし聴覚や視覚に頼ることから離れ,目に見えないものを読むという視点に目を向けるべきである.

b. 人と人をつなぐ呼吸と香り

ヒトにおいて呼吸を読む,心を読むということをテーマとした次のような興味深い結果がある.ある人が息をこらえている(breath-holding:BH)のを観察し,その観察者(observer:OB)の呼吸をモニターしたものである[14].BH は呼吸を止めているのでもちろん呼吸の波は観察されない.しかし OB の呼吸を見ると呼吸数が上昇している(図 3.6).この上昇の具合は個人の特性的な不安尺度に相関していた.これは日常的に不安感の高い人ほど,他者の負の感情に共感しやすいということを示している.息こらえだけではなく,ふだん我々はテレビや映画

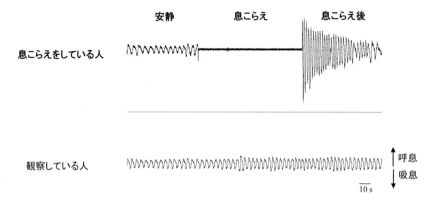

図 3.6 息こらえをしている人(上)とそれを観察している人(下)の呼吸モニター
息こらえ中,観察している人の呼吸数が上昇していることがわかる.

などで悲しみ，恐怖，不安といった負の情動を目にする．その時，呼吸は変化しているのである．そういった意味で，情動による呼吸の変化は，表情の変化と類似しているといえよう．画像で悲しみ，恐怖，不安を抱えた人の表情を見ると，我々も自然に同じような表情となる．逆に笑顔や楽しそうな表情は観察者の表情も同じように変化させる．呼吸も同じように，他者の呼吸と同期している．

　我々は学校，職場，または教会で歌を歌う．歌は呼吸が関連していることは間違いない．ある意味，歌を歌うことは息を合わせることでもある．そして同じ歌を歌うことで一体感さえも感じる．これと同じように，香りもそこにいる人の呼吸を変化させ，人と人をつなげる，コミュニケーションの一部となりうる．

c. 香りの効果的利用

　香りを効果的に利用する方法はないであろうか．香りは呼吸と情動とに直結し，気分や雰囲気を変化させやすいという効果がある．また記憶と連関し，記憶能力を向上させる潜在的な力も持つ．あるいは自らが忘れかけていた記憶さえも想起させてしまう．

　逆に言えば，香りで人の気分を容易に害したり，過去の嫌な記憶を呼び起こしたりしてしまう可能性もある．現在，アロマテラピーが盛んである．家庭や職場，公共の場で香りを楽しむ機会も増えてきている．香りを生活の中に取り入れる場合，注意が必要であることは言うまでもない．アロマテラピーはストレス軽減のために試行するが，ストレス下での香りの投与は逆に条件づけされてしまう場合もある．あとでその香りを嗅いで，その時の精神的ストレスを想起する場合もありうる．香りはあくまでストレスが解消できる環境下で，またはリラックスした状況の中，楽しい記憶と連関してこそ効果的と言えよう．すなわち香りだけを投与するのではなく，楽しい活動やイベントの中での香りが効果的といえる．

　また「アロマテラピー」という華やかなイメージを利用し，医療の現場でもリハビリテーション，ストレッチクラスなど持続を必要とする活動に取り入れ，次の香りは「オレンジ」次は「ラベンダー」など参加者の意欲向上や動機づけを促すツールとして利用することも可能であろう．

　香りを利用し，その効果を引き出す実験に次のようなものがある．被験者に痛み刺激を与え，痛み感覚と不快感をスケールにて測定する．次に被験者を2群に分け，痛み刺激を与えながら香り（ラベンダー）を同時に嗅いでもらう[15]．1つ

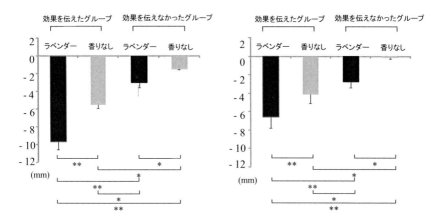

図 3.7 ラベンダーの香り投与時の痛み感覚と不快感の減少（文献 13 を改変）
縦軸下方は痛み感覚（左図），不快感（右図）の減少度を示す．ラベンダーの効果を伝えたグループでは，伝えなかったグループよりも痛みと不快感の減少がみられた．また香りなし（提示はするが無臭）においても，効果を伝えたグループでは効果を伝えないグループよりも痛み感覚と不快感の減少を認めた．

のグループには「このラベンダーの香りには痛みを軽減させる効果があり，科学的に証明もされています」と伝える．もう一方のグループには何も伝えずにラベンダーの香りを嗅いでもらった．するとラベンダーの効果を伝えたグループの方が痛みの感覚や痛みに対する不快感が減少した．効果を伝えなかったグループも痛みや不快感が減少するが，効果を伝えたグループの方がより大きな減少を見せたのである（図 3.7）．

　上記の痛みの軽減には3つの要素があると考えられる．1つは香りによる情動の変化である．前述したように香りの情報は直接，情動の中枢である扁桃体を中心とした大脳辺縁系へ投射する．心地良い香りはすぐに記憶ともリンクし脳内の賦活領域を増大させる．よって香りへの注意が増し，痛みへの注意が減少する．2つ目は香りを与える前に与える情報である．言葉による上位脳からの情報，すなわち香りが痛みを減少させるという期待感，報酬のシステムが痛みを減少させるという要素である．これは香りのプラセボ効果ともいえる．その点において，施術者の雰囲気，表情，態度，話し方というものが重要となってくる．香りを楽しませ，より良い効果を生むためにも施術者自体がリラックスし，またストレス

が軽減された状態であることが望ましいことは言うまでもない．3つ目は呼吸の変化である．両方のグループとも1回換気量（呼吸の深さ），1呼吸時間は増加し深くゆっくりとした呼吸となる．呼吸の深さと速さは情報を与えた群，与えない群での差はみられない．香りが呼吸を深くゆっくりとさせ，それが痛みの軽減につながるという要素である．脳内には痛みによって賦活する部位がいくつかある．体性感覚野，島，眼窩前頭葉，帯状回前部，扁桃体である．前項では扁桃体は不快情動によって賦活し，呼吸数の上昇がみられることを述べた．痛み刺激によっても呼吸数の上昇がみられるが，呼吸を深く，ゆっくりにすることで扁桃体への抑制が働き，痛みの軽減へつながるとも考えられる．呼吸は情動によっても随意的にも変化させることができるが，この場合，香りによる情動，呼吸の変化によって効果がでたものと考えられるだろう．実際に不安感を持っている時に，随意的に深く長い呼吸をしてもらうと，不安感が軽減することもわかっている．

[政岡ゆり]

文　献

1) Yeshurun Y, Sobel N : An odors is not worth a thousand words : from multidimentional odors to unidimensional odor objects. *Annu Rev Psychol*, **61** : 219-241, 2010.
2) Rolls ET : The rules of formation of the olfactory representations found in the orbitofrontal cortex olfactory areas in primates. *Chem Senses*, **26**(5) : 595-604, 2001.
3) Masaoka Y, Koiwa N, Homma I : Inspiratory phase-locked alpha oscillation in human olfaction : source generators estimated by a dipole tracing method. *J Physiol*, **566**(3) : 979-997, 2005.
4) Herz RS : A naturalistic analysis of autobiographical memories triggered by olfactory visual and auditory stimuli. *Chem Senses*, **29** : 217-224, 2004.
5) Herz RS, Eliassen J, Beland S, Souza T : Neuroimaging evidence for the emotional potency of odor-evoked memory. *Neuropsychologia*, **42**(3) : 371-378, 2004.
6) Masaoka Y, Sugiyama H, Katayama A, Kashiwagi M, Homma I : Remembering the past with slow breathing associated with activity in the parahippocampus and amygdala. *Neurosci Lett*, **521**(2) : 98-103, 2012.
7) Rasch B, Büchel C, Gais S, Born J : Odor cues during slow-wave sleep prompt declarative memory consolidation. *Science*, **315**(5817) : 1426-1429.
8) Fontanini A, Spano P, Bower JM : Ketamine-xylazine-induced slow (<1.5 Hz) oscillations in the rat piriform (olfactory) cortex are functionally correlated with respiration. *J Neurosci*, **23** : 7993-8001, 2003.
9) Doty RL, Deems DA, Stellar S : Olfactory dysfunction in parkinsonism : general deficit unrelated to neurologic signs, disease stage, or disease duration. *Neurology*, **38** : 1237-1244, 1988.

10) Yoshimura N, Kawamura M, Masaoka Y et al : The amygdala of patients with Parkinson's disease is silent in response to fearful facial expressions. *Neuroscience*, **131** : 523-534, 2005.
11) Masaoka Y, Pantelis C, Phillips A, Kawamura M, Mimura M, Minegishi G, Homma I : Markers of brain illness may be hidden in your olfactory ability : A Japanese Perspective. *Neurosci Lett*, **549** : 182-185, 2013.
12) Takahashi T, Wood SJ, Yung AR et al : Altered depth of the olfactory sulcus in ultra high-risk individuals and patients with psychotic disorders. *Schizophr Res*, **153** : 18-24, 2014.
13) Wesson DW : Sniffing behavior communicates social hierarchy. *Current Biology*, **23** : 575-580, 2013.
14) Kuroda T, Masaoka Y, Kasai H et al : Sharing breathlessness : Investigating respiratory change during observation of breath-holding in another. *Respir Physiol Neurobiol*, **180** (2-3) : 218-222, 2011.
15) Masaoka Y, Takayama M, Yajima H et al : Analgesia is enhanced by providing information regarding good outcomes associated with an odor : placebo effects in aromatherapy? *Evid Based Complement Alternat Med*, 921802. doi : 10.1155/2013/921802.

4 伝統的な呼吸法

日本の伝統的な文化・芸術と呼吸の関わりについては，第1章でも述べられている．それと同様に，東洋的な思想・武術・行法においても，いにしえより呼吸の重要性が見い出され，人々によって経験的に深化・洗練され，その結果として心身の養生，精神の鍛錬のために様々な呼吸法が用いられてきた．そこで本章では，坐禅，太極拳，ヨーガの3つを取り上げ，それぞれで実践されている呼吸法を具体的に説明する．

4.1 坐禅の呼吸法

坐禅の呼吸法を論ずるには，まず禅の成り立ち，禅の思想について語らなくてはならない．その上で坐禅がなぜ必要なのか，さらに坐禅の呼吸法を論じたい．

a. 禅の成り立ち

華厳経にも示されているが，仏陀は悟られた時「奇なるかな，奇なるかな，一切衆生悉く皆如来の智慧徳相を具有す．ただ妄想執着あるがゆえに証得せず」と言われたという．つまり，「私たちのみでなく，生きとし，生けるものはすべて仏の智慧と徳を持っているのだ．それを自覚できないのは妄想，執着があるからだ」というのである．これはその後「狗子仏性」という禅で最も有名な公案の元になっている．

狗子仏性とは，ある僧が唐代の名僧，趙州和尚に「仏陀は，生きとし生けるものに仏性ありと言われたが，庭で哭いている犬にも仏性があるか」と問うたという話である．趙州はそれに答えて「無」と言ったのだ．それはなぜかという公案である．その解答はのちに話すとして，禅は私たちの本来持っている心を自覚しようということを目的とする．禅ではこれを「見性」と言う．

禅はサンスクリット語ではジャーナといわれる．それが漢字に訳され禅，禅那（ぜんな）になった．現在の中国語では瞑想（静侶）と同じ言葉になっている．しかし，瞑想とは異なる概念である．

　また，禅定という言葉がある．これは現在では精神が統一され，外界の刺激，内心の妄想に乱されない状態をいう．ところが禅定というのは現在の禅に特有のものではなく，仏教の基本的な教え，つまり仏教の修行をする人が必ず守らなくてはならないものである．

　仏教徒が必ず学ばなくてはならないものを三学という．それは持戒，禅定，智慧である．持戒とは「戒を持つ」ということである．仏教には五戒といって5つの守るべき生活上の規範をいう．
1. 不殺生戒：生命あるものを殺さない．
2. 不偸盗戒：盗みをしない，与えられたのではないものはとらない．
3. 不邪淫戒：男女間のみだらな関係をつくらない．
4. 不妄語戒：いつわりを語らない．
5. 不飲酒戒：酒類を飲まない．

小乗仏教（現在では上座部仏教という）ではこの持戒を厳しく守るように教えるが，大乗仏数では，その精神が生かされればよいのだとして，仏教界では指導者も含めて多くの人は結婚したり，籍は入れなくても，夫婦同然の生活をしたりしている．また，お酒を飲む人に至っては，他の集団よりも仏教界の僧侶，とくに禅僧には多いようにも思える．また肉食を排し，菜食を主とするという生活を維持している人も多くはないようである．

　とくに不妄語戒については相当の仏教徒がこれを犯している．前にも述べたように禅の印可を受けたような方が，別の老師について，あることないことを言いまくるなどということもよく目にする．

　このように厳格に持戒を維持している人は少ないのだが，生活の基準，その目標としてこのような戒を設け，それになるべく随うように生きるということは非常に大事だと思われる．このような基準がなければ，自分を律する法則が何もないということになるからである．

　次が禅定である．禅定を最もよく定義された方は達磨から6番目の祖師，六祖慧能禅師で，そのお言葉を集めた六祖壇経の中に示されている．

「何をか名づけて禅定とするや」

「外に相を離るるを禅と為し，内乱れざるを定と為す．外に若し相（そう）着（あらわれ）れば，内に心即ち乱れ，外に若し相を離れれば，心即ち乱れず，本性は自浄，自定なり」

と述べられ，さらに

「外に相を離るる即ち禅，内に乱れざる即ち定なり．外に禅，内に定なり．是禅定と為す」

と述べられている．

つまり外界に何か起きても，それにとらわれず，起こるに任せておく．それが禅で，そのことによりとらわれれば，必ず心が乱れ，悩む．もし，外界に起きていることにとらわれなければ，心は乱れないのだ．このように外界にとらわれないことを禅といい，心が乱れないことを定というのだとされているのだ．

第3は智慧である．これは知識だけではなく，正しい判断をする智慧という意味である．私はこの智慧こそ仏教の本質を示す言葉だと思っている．悟りを開くと，周囲が光輝き，嬉しさに手足がひとりでに踊りだすといわれる．このような歓喜の中に生きていることができれば，それでよいのではないかと言われる人もいる．しかし，真の仏教ではこのような心境を魔境として排すのだ．このような喜びがある間はだめだというのである．

「もったいないではないか，今のように楽しいこともなく，生きがいも見い出せないような日々を送る人にとって，世の中が光り輝き，喜びに満ちるなどという体験は最も大事ではないか．むしろ，この体験さえあれば，それ以外の智慧，知識はいらない．この喜びの中で一生を送ることができれば，それこそが禅をやる目的だ」と思われている方は多いと思われる．

なぜこの喜びを魔境として排するかというと，喜びにとらわれてしまう危険があるからである．現状を肯定し，本能のままに生きてよいのだ，楽しいことに身をまかせようという気持ちになるからなのだ．私は多くの「見性した（悟りを開いた）」という禅僧にお会いした．多くの方は，戒を守らず，自己を正しいと主張するような生き方をしている．そのために僧堂，宗派内でも問題を起こす場合が多く，大きな寺ではしばしば内紛で騒動が起き，そのためにお寺の評判を落とすようなことが多くあるのだ．

三島の竜沢寺におられた山本玄峰老師は多くの寺の問題を解決し，建て直された．「無門関提唱（大法輪閣）」の中で，「瑞泉寺へ行けばちゃんと瑞泉寺でおさまる．

覚王山（名古屋）のあの大悶着の中へ行けば，またちゃんとあそこの市長や皆で何もかも片付くように人がしてくれる」と述べておられる．

天竜寺の関牧翁老師が天竜寺派からの離脱問題で苦労されたが，その師の関精拙老師も派内のもめごとで，天竜寺を追い出されそうになった．その事件の時のことを次のように書いている．

「『お前はわしと一生暮らしてもらいたい．実は下嵯峨に小さい寺がある．制間（僧堂での修行の休暇）になったら，そこの住職名を持ってもらいたい』といった．最悪の場合には引退と，心ひそかに決めていたのかもしれない」

また，東福寺派の管長さんが内紛のために職を追われ，行くところがないので世話をしたところ，東福寺から横槍が入ったという話も書かれている．

じつは多くの新興宗教ではこの魔境を体験させ，それで信者を多く増やしている．以前有名になったオウム真理教で死刑判決を受けた囚人から手紙を受け取ったことがある．それは「マントラをいつも唱えていると，ドーパミンが脳内で増え，快感を感ずるのでしょうか」という質問であった．彼は麻原のもとで修行中に喜びに満たされるという体験をし，このような状態に早く引き入れることができる麻原の指導法に感激したというのだ．

しかし，結果はどうだっただろうか．真の智慧のない喜びなどはまさに魔境ではなかっただろうか．世の中，人生を正しく判断できる智慧がない喜びなどは意味がないどころか，危険だとも言えるのだ．

さて，禅を禅定の意味に解すなら，これは禅宗の独占するものではない．仏教を修行し，学ぶすべての人が身につけなくてはならないことなのだ．

前に述べたように，仏陀は，私たちはすべて永遠に続く，あくまでも清らかな心を持っていると言われた．しかし，このような仏の心は，般若心経でも説かれているように不生不滅，不垢不浄といって，宇宙の始まる前から存在し，宇宙の終わりまで続く心，さらに罪などが影もとどめないくらい浄らかなものだというのだ．しかし，このような心を持っているのになぜその心を自覚できず，その心を使うことができないかといえば，それは妄想や執着の心があり，その雲が心の光を覆っているからだと仏陀は気づかれたのだ．

この妄想，執着の心ができるだけ少なくなると，何かの拍子にふっとこの心に気がつくことがある．それを悟るといい，その状態を見性するという．

釈尊はこの悟りの内容を詳しく説かれた．また悟りを開くためにどのような心

構えでいたらよいかも述べられた．それが釈尊の残された多くの経典に示されている．

釈尊は，マカダ国の首都であった王舎城の霊鷲山を好まれ，ここで多くの説教をされた．法華経もここで説かれたのだが，その頃が思想的にも人格的にも最も完成されてきた頃だった．そしてご自分の最後が近づいたことに気づかれ，ご自分の亡き後の教団のあり方などに心を配られていたようである．

ある日，大梵天王が金波羅華(こんぱらげ)といって，かぼちゃの花のような黄色い花を差し上げ，説法をお願いした．釈尊は講座に上がられ，黙ってその花を聴衆の方に差し出されたのだ．そして美しい目を瞬かれたのだ．聴衆は何かのお話があると思い，黙って待っていたが，一向に話が始まらない．そのためきょとんとしていたのだ．すると，十大弟子の筆頭で頭陀第一とその徳が称えられた摩訶迦葉尊者が，1人だけにっこりと笑われた．釈尊は初めて口を開き，「我に正法眼蔵，涅槃妙心，実相無相，微妙の法門あり．不立文字，教外別伝，摩訶迦葉に付す」と言われたのだ．

これが禅宗の始まりであり，禅宗では最も大事な言葉である．

「自分には世界を自分自身だと見てゆく，正しい智慧をもつ心がある．この智慧はなんとも説明できない不思議なものである．それは確かにあるのだが，色も形もないので言葉で表現できない．微妙な存在，微妙な作用としか言いようがない．これは文章にも書けず，言葉でも表現できないのだが，迦葉がこれを理解した．お前にこれを託すから，よく護持して，後世にこれを絶やさないように伝えてくれ」

と述べたのだ．

この不思議な心を正法眼蔵と名づけ，涅槃妙心と呼び，阿耨多羅三藐三菩提(あのくたらさんみゃくさんぼだい)とも名づけられるのだ．阿耨多羅三藐三菩提とは無上正等正覚といい，無上は尊厳なる，正等は普遍的，正覚は正しい自覚，ということである．つまりこの世界はすべて自分と一緒であるという自覚である．法華経には「三界はみなことごとくとわが有なり．その中の衆生は，みなわが子なり」と書かれているが，このことをいうのである．

釈尊はこの悟りを迦葉尊者に与えられた．そこで迦葉尊者を釈尊の心，お悟りを正しく受け継いだ第一の祖師とされたのだ．これは迦葉尊者から阿難尊者，商那和修尊者と受け継がれ，28代目の達磨大師により中国に伝えられた．さらに

大応国師により日本に伝えられ，大応国師から大燈国師，さらに無相国師と伝えられ，中ごろに白隠禅師が出られ，現在に至っているのだ．

　この尊い悟りの内容をさらに弟子に伝え，その法燈を絶やさないようにしようというのが禅宗の僧の役割で，その存在，努力の重要性は言うまでもないであろう．このような悟りを得て，さらに進んで師に悟りの印可証明を貰った人は師家分上と言われ，老師と称される．

　修行をし，悟りを開き，さらに禅の蘊奥を極めるには僧にならなくてはならないというのが仏教における考え方だろうが，在家のままでも悟り，さらに老師になれる．さらにその集団の中で禅の印可を伝えていくという人々もおられる．在家禅と呼ばれる．これについては専門の学者，僧の間でも議論があるところで，今そのことを論ずるつもりはない．

　問題は，私たちのような普通の生活を送っている者にとって禅はどのような意味をもつか，ということである．

　禅では釈尊の伝えた本当の心は師から弟子へと対面でしか伝えられないとされる．その内容は「一器の水を一器に移すがごとし」と言われ，独習ではこの境地には至れないとされるのだ．

　さらに，印可を受けない時にはまだ修行が完成していないということになるのであるから，修行者は提唱といって，禅の講義をすることはできないことになっている．また，師の指導がまだ必要なので，勝手な考え方，生き方をしてはいけない，そのようなことは印可を受けてからのみ可能だということになる．

　このような規則を在家の人が日常の生活に持ち込んだらどのようになるであろうか．まず，禅のことを語ったり，書いたりなどはできないだろう．また一般人に講義したり，講演したりすることもできなくなる．何しろ本当のことを知っていないとするのだから．そうなると，自分の個性，自分の感性に随って考えたり，書いたり，芸術などの作品を発表できないことになってしまう．やろうとすることに自信が持てないからなのだ．私がそうだった．最も精神状態の悪い時には学生に講義ができなくなってしまったのだ．なにしろ間違っていることを教えている可能性があるし，その真偽を知ることは老師のみできるというのだから．

　このような考え方は禅の法燈を継ごうとして，僧堂で修行している人にのみ当てはまることで，一般人に当てはめようとすると，誰も自信を持って生活できないことになってしまうのだろう．

ある時，在家禅の会に招かれたことがある．そこに書道をやっていて，禅もやるという女性が同席していた．私は在家禅の老師と議論をしている時に，彼女が「こんなことを老師の前で言うのは生意気のようですが…」とか「老師の前では言いにくいのですが…」という発言を何度もしていた．私は「そこですよ．もし僧堂の生活を実地の人生に持ち込もうとすると，どのような分野でも老師の方が優れ，あなたは二流ということになるのですよ．禅の法燈を継ごうというために出来上がった禅宗の僧堂の決め事を，実地の人生に持ち込めば，あなたが芸術で大成する日は来ませんよ」と申し上げたのである．

これは私の心の叫びでもあったのだ．禅は確かに良いところを多く持ち，禅により伝えられた生き方には多いに参考にすべき，あるいは日常生活に取り入れるべきものはある．しかし，日常生活で禅にとらわれるとかえって人生を棒に振るようなことになるのだ．危険ともいえるだろう．禅では何ものにもとらわれないようにせよ，と言うが，これは禅にもいえるのだ．禅にもとらわれてはいけないのである．

禅の言葉として有名な言葉は，しばしば禅の公案という問答の中で使われているものである．最も有名な言葉は「日日是好日」だろう．専門家は禅の公案は常識で解釈できるものではない，常識とか知識，いや普通に意識とされるものがなくなった心理状態で，はじめて理解できるのだと言う．公案とはそのような常識の通じない問題を出し，それを考えているうちに，次第に何も考えないような心理状態になる，その時にふっとその問題がわかるのだと言う．

さて，禅が達磨大師により中国に伝えられると，6番目の慧能禅師により急速に広まった．唐代は最も優れた禅の祖師がでた時期である．ところが，禅の創造力が次第に衰えるようになると，祖師が悟られた時のやりとりを記録して，その状態を自分の境遇に当てはめ，再現し，祖師が悟られたと同じ状態に自分を追い込もうというような考えが生まれた．中峰明本禅師（13～14世紀の人）は「それ仏祖の機縁，之をなづけて公案という」と述べられている．

そこで，最初に述べた「狗にも仏性があるか」に戻ろう．これは「なぜないと言ったか」などといくら考えてもわかるものではない．坐禅でこの問題になりきり，「無」と自分が1つになった時に，ふっとわかるといわれる．実際本を読んで，釈尊の本当の解釈はこうだとか，犬の仏性は本来どうだなどと言っても意味はない．まさにどうにも解決のつかないような状態に追い込まれ，自分と外界の区別

もなくなったような時に，何かのきっかけでこの公案の真意がわかるとされる．

この公案をどのように工夫するかということについて，無門関を編した無門和尚はいつもこの公案を工夫していると「1個の熱鉄丸を飲み込もうとするようなものだ，吐くこともできず（公案の工夫を止めることもできず），飲み込むこと（理解してしまうこと）もできず，まさに絶体絶命の状態になる．そのようになると今までの間違った知識，考えが次第に消えてしまい，だんだん心が純粋になってくる．すると自分と外界が1つになってしまう．そうなると，まるで唖の人が夢を見たようなもので，人には説明できず，自分だけにしかわからない悟りをえられるのだ」と書いている．

まことに良いお言葉である．多くの人はこの指導の下で，涙を流して苦労し，この公案を突破する．これを「初関を透る」という．見性とはこのことを言い，自分の本当の心を見たというのだ．

私の解釈は，すべての生き物には「心」がある．これを仏性と呼ぶかどうかは別である．仏性とは何かの定義により「無」とも「有」ともいえるのだというものである．しかし，禅の公案，祖師方のお言葉には日常生活に用いても役に立つようなものが多くある．実際，「平常心是道」とか「主人公」，「独坐大雄峰」などである．さらに禅の言葉として「莫妄想」などという言葉も有名である．

本来常識の届かない，普通の解釈では理解できないような問題を出し，自分が意識と思っているものが尽きるところに心の心があるということを自覚させようとするのが禅の本旨であるから，公案を常識で解釈するのは，専門家の立場から見れば無意味かも知れない．だから，一般人が公案を自己流に解釈することを「盲人の垣根覗き」と言い，否定する．目の見えない人が垣根の外から中に何があるか覗いているようなもので，理解できるはずはないというのだ．

ところが，そのような知識による理解を否定している禅僧が，じつに多くの禅の本を出し，公案の説明をしているのだ．なぜだろうか．どうせ読んでも理解できないし，弟子や修行者がそのような本を読めば，激しく叱責し，時に破門もしかねないなら，自分が公案について書いたり，述べたりするのは無意味どころか犯罪ではないだろうか．

これも公案を僧堂で修行して，法を継ごうという人に対するものと，一般人に対する場合をごっちゃにしているから起こる誤解なのだ．一般の人は，これをどのように解釈してもよいのだ．これを人生訓と解釈してもよいし，短編の物語と

も解釈できる．もし，禅の本旨からの解釈と異なるなら，修行者にその間違いを正させればよいのだ．そのような本，解説書を読んでくるから間違うのだというなら，ご自分も書かなければよいのである．誰のために書いているのかということになるのである．天竜寺の関牧翁老師は，禅の言葉をおのおのの人が自分に役立つように解釈すればよいのだと述べておられる．私は禅の公案は生きる常識を説いたものだと思っている．

b. 坐禅の呼吸

禅といえば坐禅，坐禅といえば禅というように禅と坐禅は切り離せないものである．禅の呼吸は瞑想とも言われる．瞑想とは禅定のことである．身・息・心が統一されている状態のことをいう．このような状態に入るには坐禅の姿勢が最もよいとされる．しかし，椅子に坐っていても，静坐していても，心身の統一はできる．

1) 姿　勢

坐禅では姿勢を正し，足を組み，手を前において右の手を左の手の下において，これを支え，指を丸い形にして，左右の親指を接触させる．これを法界定印（ほっかいじょういん）と言う（図 4.1）．指の組み方だが，坐禅の際はこの組み方が最も良いのだが，日常

図 4.1　半跏趺坐；吉祥坐

生活では少し目立つので,右手で左の親指を握り左の手で右の手を隠す組み方もある.また右手で左の4本の指を握り,左の親指で右の親指を握り締める形も良いとされる.この2つの指の組み方は電車の中,椅子に座って何かを待っている際などは,周囲の人に奇異な感じを抱かせないで坐禅の姿勢をとることができるということで,私も実行している.

次は身体である.まず腰以外にはどこにも力を入れず,特に肩や胃の部分の力を抜いて,ゆっくりと構える.耳と肩が垂直線上にあり,鼻と臍が一線上にあるのがよい.あごを引くことは非常に大事で,見るからに美しい姿勢になる.そして下腹部を少し突き出す,逆に腰を後ろに押し出すような形にする.

目だが,決してつぶってはいけない.禅では目をつぶることを厳しく戒めている.そして大体1mくらい先に目を落とす.この「目を落とす」ということがなかなか難しい.それは見るということなのか,見ないということなのかと迷うからだ.「目を落とす」ことができるようになるには時間がかかるが,どちらかといえば,見る,つまり目の前のあるところを見て,それから目を離さない,きょろきょろしないと言ったらよいだろう.

坐禅では足を組む.右の足を左の腿の上に載せるのを吉祥坐といい(図4.1),左の足を右の腿の上に載せるのを降魔坐と呼ぶ(図4.2).時間が経つと足と腰

図 4.2 半跏趺坐;降魔坐

図 4.3 結跏趺坐

が痛くなる上に，背骨が一方にゆがむので，左右を交互に変えることも必要である．私も最初の一柱（線香1本の坐禅）は吉祥坐にし，次の一柱は降魔坐にしている．

　一方の足を反対側の腿に載せるだけの坐禅を半跏趺坐という．一方，両方の足を反対側の腿に載せる仕方を結跏趺坐という（図4.3）．普通は足が痛むので，半跏趺坐にする人が多いのだが，そこが「苦しいことは早く飛び込めば，早く抜けられる」のだ．結跏趺坐を始めると比較的早く禅定が得られ，足が痛くなくなる．

　では姿勢を正すというのはどのような意味があるのだろうか．私たちが姿勢を正すと筋肉や腱がいつも緊張している．そこから脳の前頭前野に刺激が送られる．前頭前野の刺激は脳を目覚めさせるので，覚醒刺激ともいう．立っていると眠れないのは背骨，腰，足からの刺激が脳に伝えられ，覚醒させるからなのだ．一方，横になると眠れるのはこれらの筋肉，腱の緊張が緩み，刺激が脳にいかなくなるからである．結跏趺坐の場合には足，腰の腱が引っ張られ，さらに背骨を正すことで背骨の周りの筋肉，腱が緊張し，その刺激が脳を覚醒させるのだ．一方，正座もまっすぐに坐るということでは同じだが，腱が伸ばされ，刺激されるということはない．つまり脳の覚醒が弱いのだ．

　さらに前頭前野の役割として，今やっていることに精神を集中させるということがある．つまり何かを見るとそのことに気持ちが集中することができるように

なるのだ．悩みがあると脳の辺縁系が刺激され，不安，恐怖，心配などの感情が生まれる．これを意思の力で抑えることは困難である．このような時に姿勢を正し，前頭前野を刺激すると，その時見ているもの，聞いていることに気持ちが集中し，悩みの方に心が行かないようにさせることができるのだ．

例えばあなたは今この文章を読んでいる．あなたの腿が椅子に触れているのだが，おそらくその感覚はこのことを知らされるまではなかったと思われる．それは前頭前野が字を読むという作業に精神を集中させていたからなのだ．

私たちが悩むと辺縁系は異常に興奮する．これを何とか抑えようとしても難しい．つまりいやなことが次々と思い浮かび，やめようとしてもやめられないということは多くの人が経験するところだろう．このような時に姿勢を正す，結跏趺坐をすると，無理なく気持ちを切り替えて精神を集中させることができるのだ．

坐禅をすると眠れるという体験をした人は多いと思う．脳のいろいろなところが異常に興奮すると，それが前頭前野を異常に刺激して眠れなくなる．ところが，前頭前野が手足からの刺激で規則的に興奮すると，脳は必要とされる機能のみが活動し，悩みとか苦しみのような機能は働かなくなる．その結果脳の異常興奮がなくなり，坐禅を止めた後に心地よい眠りを得られるのだ．

2) 呼　吸

釈尊は呼吸が心を正す上で非常に大事だということを知っておられた．雑阿含経（ぞうあごんきょう）では次のように述べておられる．

「弟子達よ．私はこの三ヶ月間，出息を念じて多く得るところがあった．入る息，出る息，長短の息等の様々なる息を実の如く知った．かようにして私は粗い思惟に入った．弟子たちよ，私はさらに進んで長い間，より微細なる思惟に入った」（「釈尊の呼吸法」村木弘昌著，春秋社刊，2001）

また，

「世尊はある時祇園精舎に於いて弟子達に語られた．"弟子達よ，入息出息を念ずることを実習するがよい．かくするならば，身体は疲れず，眼も患まず，観（かんが）へるままに楽しみて住み，あだなる楽しみに染まぬことを覚えるであろう．かように入息出息法を修めるならば，大いなる果と，大いなる福利を得るであろう．かくて深く禅定に進みて，慈悲の心を得，迷いを断ち，悟りに入るだろう"」（同書）

さらに釈尊は数息（すそく）を勧めておられる．数息とは自分の息を数えることである．

自分の息を1つ，2つと数えることは禅の基本であり，雑念，妄想を払う方法だと言っておられるのだ．

このように，呼吸は心身の安定を図り，悟りを得る上できわめて重要なものである．円覚寺の元管長，古川尭道老師は弟子の辻雙明老師に「結局，呼吸だ」と言われたという．辻老師はこの言葉が常に心にあったと述べている．また『天台小止観』には，呼吸の出入りは綿々として存するがごとく，なきがごとくせよと書いてある．山本玄峰老師は，鼻の前に羽毛をおいて，動かぬように呼吸せよと述べている．

天台宗の『小止観』とか『摩訶止観』などには，呼吸について詳しく述べられている．そこでは呼吸を鼻でするものではなく，臍でせよ，臍から息が入り，臍から出るようにせよとも書かれている．さらに足心呼吸と言って，足を土踏まずのところに心があり，ここから息を吸い，息がくるぶし，ふくらはぎ，ひざ，腿，腰，丹田まで上ってくるようにし，今度は吐くのだが，丹田から腰，腿，ひざ，ふくらはぎ，くるぶしと降りてきて，足の土踏まずのところから吐くように勧めている．この呼吸で万病が治るとも言っているのだ．

ではなぜゆっくりした呼吸が心の安定によいのだろうか．1つには呼吸に心を専念させると，雑念の入る余地がなくなるということである．第2は心を下に下げる，つまり，意識を丹田，足の裏などに集中させ，雑念の荒れ狂う脳には心を置かないようにするということなのだ．第3は脳を安定させるセロトニンの作用である．うつ病の際には脳内のセロトニンを増やすような薬を使う．またうつ病の際にはセロトニンが減っている．じつは呼吸は脳内のセロトニンと大きな関係があるのだ．

私たちが息を止めると苦しくなる．それは血中の二酸化炭素が増え，脳幹の呼吸中枢を刺激し，苦しくさせ，呼吸を再開させようとするからである．その後呼吸が速くなるのは，二酸化炭素を外に出して，その量をできるだけ減らそうとする仕組みなのだ．

ところが脳の血中の二酸化炭素が増えると縫線核のセロトニン神経を刺激して，セロトニンの放出を増やすことがわかったのだ．二酸化炭素の濃度が増すとそれに比例してセロトニンの放出が増えるのである（図4.4）．

呼吸を止めなくても，ゆっくりさせると血中の二酸化炭素の量は増える．するとセロトニン神経が刺激され，セロトニンが放出され，精神の安定が図れるのだ．

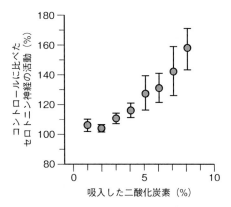

図4.4 セロトニンと呼吸[7]
吸入する二酸化炭素の量が増えると縫線核の活動が増す．

また不安とか心配がなくなるのである．

　ゆっくりした呼吸は二酸化炭素の量を増やし，セロトニンを放出させる．釈尊は「息を微にすることは，心の平静に欠かせない」と言っておられるのだ．釈尊は経験から呼吸をゆっくりさせることが心の安定に欠かせないことを知り，これを勧めておられるのである．

3)　呼吸の仕方

　さて禅では最初に数息観という方法を教える．これは自分の呼吸を数えるのだ．白隠禅師も「初め数息観をなすべし．無量三昧の中には数息をもって最上となす」と述べておられる．

　まず息を吐く時に「ひと…」と吐いていき，十分に吐いた後で吸うのですが，その時に「つ…」と言いながら吸う．次にまた吐く時に「ふた…」と吐いていって，吐き終わったら「つ…」と吸うのだ．これを1から10までやり，10になったらまた1に戻る．

　「なんだ，そんなことか」と思われる方はおやりになってごらんなさい．10まで呼吸に専念できるということは並大抵ではない．「み…つ…」などとやっていると，「この間の自分の発言はどのようにとられたのだろうか．駄目だと思われたのではないだろうか」などという思いが浮かぶ．「そうだ坐禅が終わったら，もう一度，この間の会議のことを考えてみよう」などと考えて，ふと気がつくと「にじゅ…に…（22）」などとやっている．他のことを考えながらも数を数えるこ

とができるので，どんどん息を数えてしまうのだ．そこであわてて，また「ひと…」「つ…」などとやるのだが，今度は「よ…」「っつ…」などとやったところで，「この間のあいつの態度はなんだ」，などと思い出し，気がつくと「じゅうはち…」などとやっている．数息観はそれくらい難しいのである．禅に長く親しんだ人でも数息観は禅の最初で最後の修行法だと言っておられる．

次には随息観である．これは息をする時に数を数えたりせず，無念の中でただ呼吸をするという方法である．曹洞宗の只管打坐がこれにあたるだろう．しかし，何も考えないで呼吸をするということは非常に難しい．そこで臨済宗では公案として用いられる「無」を使い，「む…」と唱えながら息を吐いたり，吸ったりするように指導する．息を吐く時に，ゆっくり「む…」とやるのだ．一息で吐くのであるから，「む…」と言い続けられるはずだが，少し途切れたりする．そこで「む…」「む…」と途切れてもすぐに「無」になるようにするのだ．これは吸う時にも同じである．すると非常にゆっくりした呼吸ができ，妄想も少なくなる．

字数が尽きたので，この辺でおしまいにする． [高田明和]

文　献

1) 山田無文，平田精耕，大森曹玄：坐禅のすすめ，禅文化研究所，2008．
2) 大森曹玄：参禅入門，講談社学術文庫，1986．
3) 山本玄峰：無門関提唱，大法輪閣，1994．
4) 大法輪閣編集部：坐禅要典，大法輪閣，1998．
5) 高田明和：心がスーッとなるブッダの呼吸法，成美堂，2010．
6) 高田明和：心と体がととのう「天台小止観」，春秋社，2009．
7) Severson CA et al：*Nature Neurosc*, **6**：1139, 2003．

4.2　太極拳の心・息・動―楊名時太極拳のカリキュラムから―

a.　太極拳とは

朝の公園で太極拳をする人々の様子は，中国の朝を象徴する光景としてだけでなく，ランニングやストレッチ，ラジオ体操などと並んで日本でもよく見られるようになっている．太極拳は中国武術に由来し，武術修練として，競技として，健康法として多様に愛好されている．流派や套路と言われる動作の仕方には様々なものがある．しかし，冒頭に書いた朝公園で行われるゆったりした太極拳のイメージは，健康法として愛好される太極拳のものであり，世界中に大勢の愛好家

がいる．

　健康法として太極拳が広く普及した背景には，簡化二十四式太極拳の制定がある．誰でも親しめる国民的な健康法として中国武術の知恵を役立てようという国家的な事業で，1956年，中華人民共和国では国家体育運動委員会が伝統的な太極拳の中から楊式太極拳を中心にして，覚えやすい24の型へ編纂された新しい太極拳「簡化二十四式太極拳」を制定したのである．太極拳は，長い武術的な伝統をもとに，年齢や性別を問わず，場所や時間をとらず，多くの人に親しみやすい現代的な健康法として広く普及することとなった．

　日本でも，今では太極拳といえばまず健康法として想起されるのではないだろうか．本節では1960年より指導が開始され，調心・調息・調身を掲げて健康法として広く親しまれている楊名時の二十四式太極拳について論じる（以下，太極拳と記す）．

b. 太極拳の健康効果

　太極拳はゆるやかな呼吸に合わせて全身をくまなく動かす．呼吸に合わせた連続した動作が全身の筋肉を無理なく鍛えるため，身体の操作性の向上に有効である．太極拳を行うためにはやわらかい呼吸としなやかな動きが大切であり，心身ともにリラックスした無理のない動きが実現できる．太極拳の習熟が深まるほど呼吸と心身のよりよい調和を感じられるようになる．

　太極拳の効果は調心（心を調える）・調息（呼吸を調える）・調身（身体を調える）といわれ，無理のない心息動の調和が太極拳の目標である．

　2008年にNPO法人日本健康太極拳協会が，太極拳の健康効果について大規模なアンケートを実施している．アンケート回答者の9割は太極拳が健康づくりに役立っていると答えており，また，そのうちの6割以上がストレスの解消を効果として感じ，精神的な健康向上にも役立っていると答えている．継続して稽古を行っている回答者ほど精神面での健康効果を感じており，太極拳を習慣的に行うことが動作と呼吸の調和から得られる効果を高めているとも考えられる．

　太極拳は深く大きな呼吸を促す動作の連続により構成されており，姿勢を保つ筋肉のトレーニングと同時に，静かで深く長い呼吸によって心を整えることができる．また，運動負荷の調節が容易であるため（太極拳を行う際の腰のかがみや歩幅を小さくする，あるいは椅子に座って行うなど，基本となる姿勢を工夫しや

すい）、体調に合わせて無理なく行うことができる．

　太極拳の連続した動作は通常立って行い歩行を伴う．下半身と上半身の動作の連動により運動効果が高まり，転倒防止など全身の筋力の向上が期待できる．また，呼吸筋へのストレッチとしても上肢，下肢の動きを連動して行う場合には，上肢のみ，また下肢のみの動作を行う場合より大きな効果が得られるが，本節では，初心者や体力に自信のない人でも心の健康ケアとして無理なく行える動作を紹介することを主眼とし，座って行う太極拳を取り上げる．

　太極拳の教室でも体調がすぐれない時や，けがをした場合は座って稽古に参加したり，高齢者施設でのリハビリテーションとして車いすに座ったまま上半身の動作で太極拳を行う事例は多い．

　座位での太極拳は初心者でも取り組みやすく，上半身の呼吸筋をまんべんなく動かす実感を得やすい．連続したゆるやかな動きが，ゆったりとした呼吸を促し，動作に集中することで情動の働きに落ち着きをもたらす．日常的な深い呼吸の習慣づけと心身の健康ケアとして取り入れられる．

c. 実技の要領

　ここから，実際に太極拳指導の現場で行われているカリキュラムにのっとり，初めて太極拳をする人も，稽古を続けている人も一緒に太極拳を行うための手順を解説する．

　寛いで行うことが大切なので，実施にあたっては各人の体調に合わせて無理なく行う．下半身が安定した姿勢でゆったりと上半身を支え，十分に緊張がほどけているとより大きくのびやかな呼吸をすることができる．基本となる立ち姿勢では，足首，膝，股関節は軽くゆるめ，肩肘に力を張らず，へそ下の丹田のあたりを意識して立つ（図4.5）．座って行う場合は，安定のよい椅子に腰掛け，膝が直角となるよう調整する．高齢者など姿勢の維持が難しい場合は背もたれによりかかってもよい（図4.6）．

　呼吸は吸う息も，吐く息も鼻を通じて細く長く行う．動作に合わせた呼吸法の基本は，吸う息に合わせて体が充実し，吐く息に合わせて緊張をゆるめる．吸う息に合わせて手を上げ／伸ばし，吐く息に合わせておろす／寄せる（図4.7）．できるだけ深くゆっくり，長く呼吸するが，動作との連動にとらわれず，苦しくなったら無理をしなくてよい．稽古を続けるうちに動作によって呼吸筋がしなや

102　　　　　　　　　　　　　　　　　　　　　　　　　4. 伝統的な呼吸法

図 4.5　基本姿勢立ち（実技は筆者）

図 4.6　基本姿勢座位（実技は筆者）

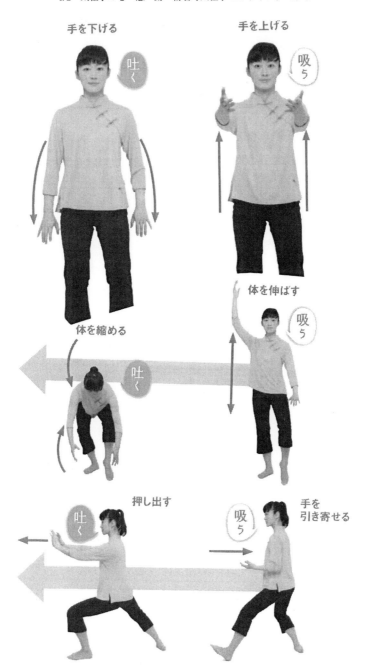

図 4.7 呼吸法（実技は筆者）

かになり，自然と長い呼吸ができるようになる．ふだん無意識に行っている呼吸を動きに合わせてていねいにと意識すると，うまく呼吸ができなくなる場合があるが，稽古する時は，止まらず，ゆったりと動けばよい．呼吸をコントロールしようと無理に意識せずとも太極拳の大きな動作は,深く長い呼吸を促してくれる．

1) 稽古要諦

　教室では，太極拳の動作と合わせて稽古要諦と呼ばれる動作の留意事項を学ぶ．調心・調息・調身のためのヒント集であるが，動作を円滑に行うための身体操作の要領と，精神の安定を深め充実した稽古を行うための心がけなどが示される．ここでは教室のカリキュラム（12回の稽古で2つの稽古要諦と二型ずつの部分稽古を行い，二十四式を学ぶというもの）で最初に示される4つの要点，気沈丹田，心静用意，沈肩垂肘，身正体鬆を紹介する．稽古要諦は太極拳の古典的な書物から引用されているものだが，これらの言葉からも，太極拳で心，息，動の調和が意識されていることが伺える．

・**気沈丹田**：へそ下の丹田のあたりを意識することで，気持ちを落ち着け安定した立ち姿勢を得る．

・**心静用意**：用意（意をもって）の語は不用力（力によらず）にも通じ，太極拳では力に頼らずゆっくりとした体重移動を基本に体を運ぶ．集中して取り組むために心が静かに落ち着いてから太極拳を行う．また，太極拳を行うことでより深い心の安定を求める．

・**沈肩垂肘**：全身リラックスすることが大切である．そのため，肩や肘を張らずゆったりとした姿勢を心がける．例えば両手を上げていく動作でも，ストレッチのように腕を伸ばしきらず，肩や肘にゆとりのある状態を維持する．

・**身正体鬆**：鬆（ソン）とは力が十分に抜けてリラックスした状態を意味する．姿勢は天地を意識してまっすぐに整え，力みやつっぱりのない鬆の状態が太極拳のやわらかな動きを実現し，深く長い呼吸をもたらす．

　これらは太極拳を行う際の基本的な心得を示しているが，後述の立禅，甩手，太極拳では常に体にゆとりを持たせ，ストレッチのように体を伸ばしきることがない．太極拳の動きは，球や円にたとえられ，止まらず間断なく行われる．動作が描く軌跡は大きな弧を描くようであり，そうした動きが呼吸筋に働きかけ深く長い呼吸をうながす．

4.2 太極拳の心・息・動―楊名時太極拳のカリキュラムから―

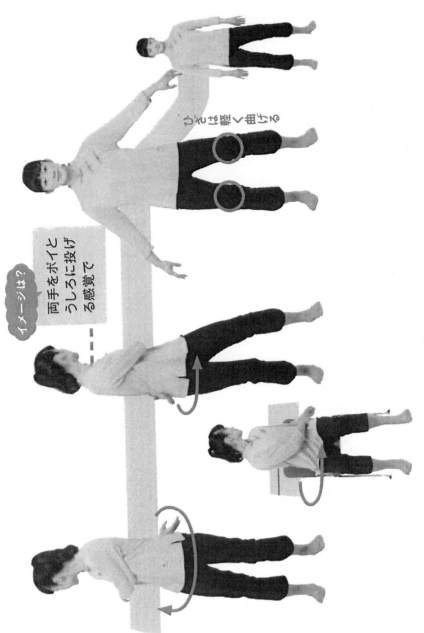

図 4.8 甩手（スワイショウ）（実技は筆者）

2) 立禅・甩手（図4.8）

心と体の緊張を十分にほぐして稽古をするために，準備として立禅（りつぜん）で姿勢と呼吸を整えるとよい．視線は遠くを眺めるようにし，吐く息をていねいにゆっくりと行う．立禅ののちに，甩手（スワイショウ）の動きをすることで，全身の緊張をほぐすウォームアップ効果が得られる．座って行う場合も腰（ウェストのあたり）を動かすことで，上肢の緊張をほぐすことができる．立禅と甩手は太極拳の稽古の後にも整理体操のようにして行うことで，心と体の鎮静を図る．また，起床時や気分転換，就寝前といつでも緊張をほぐす動作として行うことができる．

3) 八段錦

中国に古来より伝わる健康法である．8つの動作があることからこう呼ばれているが，八段錦は中国語読みでは抜断筋（baduanjin）に通じ，これは全身の筋肉を伸縮させて血液の循環を整えるストレッチのような意味で，民間の健康法から派生したものである．1つの動きは2〜3分と短く，動作と呼気，吸気との連動が理解しやすいので，太極拳の稽古の導入としても取り入れやすく，また1つひとつの動きがシンプルなので，継続しやすい．

ここでは，8つの動きから第1段錦と第2段錦を紹介する．

・**第1段錦**（双手托天理三焦）：両手を天に向けて上げ，胃腸の働きを整える（図4.9）．寝たまま行っても十分に効果を得られるので就寝，起床時や体を起こすのが難しい場合にも行える．

1. 肩幅に足を開く．
2. 体の前で両手を軽く組み，吸う息に合わせて両手を上げていく．
3. 吐く息に合わせてお腹のあたりまで手をおろす．
4. 吸う息に合わせて再度両手を上げる．顔の前で両手を外に向け，掌を天に向けて上げていく（掌で天，足もとは地を意識して体の中の天地を通すようにする）．
5. 手をほどき吐く息に合わせて大きく手をおろす．

・**第2段錦**（左右開弓似射雕）：馬上から弓で鳥を射るように左右に胸を開く動作（図4.10）．弓で鳥を狙い射つイメージで視線は遠くを眺めるようにする．視線を長く広く使うことで，深い呼吸が促される

1. 肩幅に開いた足を，体調に合わせてさらに広く（肩幅の1.5倍から2倍）

4.2 太極拳の心・息・動——楊名時太極拳のカリキュラムから——

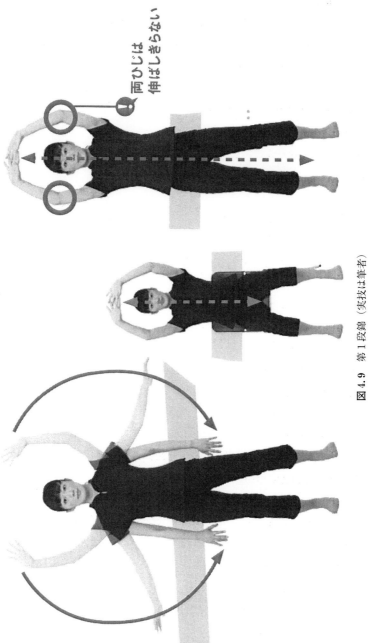

図 4.9 第 1 段錦（実技は筆者）

図 4.10 第 2 段錦（実技は筆者）

開く．吐く息に合わせて腰を落とす(座っている場合は体の前に手をおろす)．
2. 吸う息に合わせて両手で拳を握りながら胸前に運び，拳を立てる．
3. 左手で V サインをつくり外にかえし，吐く息に合わせて左右に弓をひくように胸の内から両手を開く．V サインの間から視線は遠くを眺めるように．
4. 吸う息に合わせて拳を胸前に戻し，吐く息に合わせておろす（2 回目は右手を V サインにして行う）．

d. 太極拳

二十四式太極拳は 10 分程度かけて，24 の連続した型を止まることなくゆっく

りと行う．覚えるには時間がかかるが，稽古を続けることで動きはしなやかになり，より深く長い呼吸が促される．初めは動きに合わせて自然に呼吸すればよい．動作に習熟することで，呼吸と動きの無理のない調和を感じられるようになる．型の正確さなどにこだわると緊張から息を止めてしまう人もいるので力を抜いて，息を吐くことを心がけるとよいだろう．ここでは太極拳の動作から，座っていても行いやすく，上半身を伸びやかに使う動きを選んで5つの型を紹介する．

①**十字手**：一連の動きの始まり．息を吸いながら両手を上げ額の前で両手を交差し，吐く息に合わせてゆっくりおろす．胸前で自然に交差をほどき両手をおろす．吸う息，吐く息ともに深くゆっくり行う．呼吸に合わせた手の動作で肩や背中の筋肉をほぐす（図4.11）．

②**一式．起勢**：吸う息とともに両手を肩の高さまで上げ，吐く息に合わせ水に浮いた木片を沈めるような意識で手をおろす．立っている場合は腰をゆっくりおろしていく（図4.12）．

③**九式，十一式．単鞭**：鞭を放つようなしなやかで大きな動き．肩と腕を大きく動かすことで緊張をほぐし，胸郭を広々とさせる．起勢でおろした両手は，視線や腰の動きに合わせて移動し，右手は鉤手（スカーフをつまんだように人差し指から小指までをそろえ，親指で輪を作る）にし，左手は胸の前に寄せる．吐く息に合わせて視線と腰を左方向へ．左手は腰の回転とともに左方向へ打ち出す（立って行う場合は，鉤手をつくる際に右足を軸としていったん左足を寄せ，左方向への腰の運びに合わせて左足を踵から前へ踏み出す．左足への体重移動とともに左手を打ち出す．右足は踵を外に出して歩幅を調整する）（図4.13）．

④**二十三式．十字手**：単鞭でつくった鉤手をほどき，打ち出した左手とともに胸前で手を交差して十字をつくり，額の前でほどき吐く息に合わせて円を描くようにおろす（立っている場合は右足に重心を移して正面に向き直り，左足を肩幅に寄せて上の動作を行う）（図4.14）．

⑤**二十四式．収勢**：おろした手をお腹の前で組み，呼吸を整える．心身ともに落ち着きを感じるまで呼吸を繰り返し，手をほどく．足を寄せ姿勢を戻す（図4.15）．

以上，太極拳の24の型の中から5つの型を取り上げて紹介した．手軽な健康法として，立禅，甩手，八段錦，太極拳の中から気に入ったものを選んで行ってもよい．また，たっぷり時間をかけ，これらを1つの流れとして行うと，体の緊

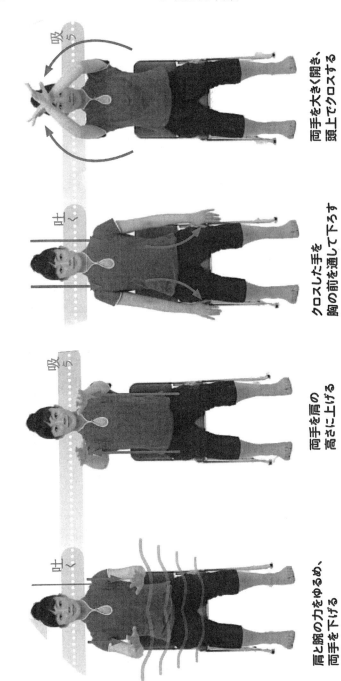

図 4.11 十字手（右から左へ）（実技は筆者）

図 4.12 起勢（右から左へ）（実技は筆者）

4.2 太極拳の心・息・動―楊名時太極拳のカリキュラムから― 111

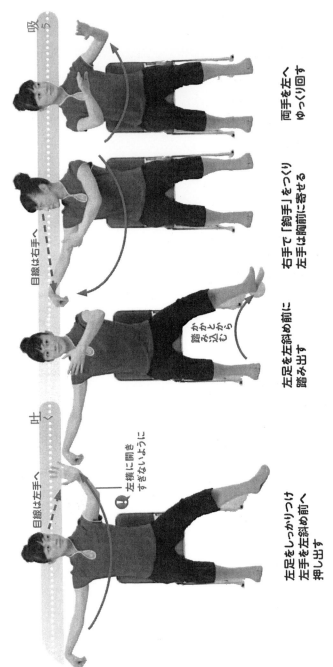

図4.13 単鞭（右から左へ）（実技は筆者）

4. 伝統的な呼吸法

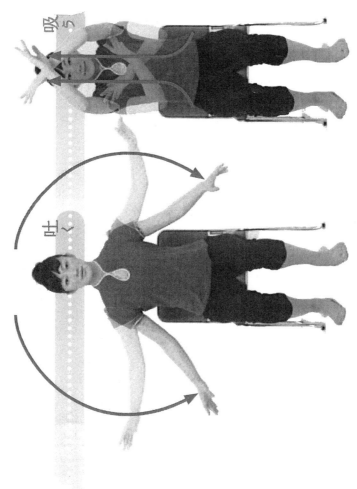

図 4.14 十字手（右から左へ）（実技は筆者）

図 4.15 収勢（実技は筆者）

張緩和，精神的な安定をより深く感じることができる．屋外で広々と体を動かせば，心も体も一層くつろぐだろう．これから太極拳を始める人は，長く稽古をしている人と一緒に行うと，ゆったりとした動きにリードされ，やわらかな動きにゆっくりとした呼吸を重ねやすくなるだろう．

　日常的に深く長い呼吸を心がけることが心身の健康には欠かせない．無理をせず，気に入った動き1つからでも習慣として継続することが，深い呼吸と心身の健康を養う太極拳のために大切なことである．　　　　　　　　　　　　[楊玲奈]

文　　献

1) 楊慧監修：100歳まで元気！かんたん健康太極拳，西東社，2013．（実技は筆者）

4.3　ヨーガと情動

a. ヨーガの成り立ち

　心の情動を制御した先に世俗を超越した安穏な絶対的境地があることを知ったことが，ヨーガ行法が起こる大きな要因だといえる．古代インドの人たちは，心の情動が盛んであればあるほど人は悩み苦しみ，情動に煩わされず自分の姿を見失わずにいることがいかに難しいか，そしてまた，安定した状態がいかに安穏であるかを思索，体験を通じて習得していった．ヨーガは昨今，そのフィットネス効果や健康法的効果が注目されるが，仏教などの他のインドの思想および実践と同様に，本来は安穏の境地に至るための手段として行われてきたものである．

　情動を抑制し，真の自分を見い出す手段としてヨーガ行法は起こり，その中心的な実践法として行われたのがヨーガの調気法や瞑想法である．両者ともじつに様々な体系があり，それらは決して一様ではない．ここで扱う調気法とは，インドのヨーガ行法として説かれる呼吸技法であり，中国の呼吸法に代表されるような他の呼吸法とはその目的も裏づけとなる思想も全く異なっている．このことから，ヨーガの呼吸技法を特に調気法と記して区別し，それ以外は呼吸法と表記することとする．

　以下，インド・ヨーガの調気法の思想，原理を見た上で，その現代的な仕方としての実践の紹介を行う．

b. インド的調気法と中国的呼吸法

インドでは，古代より呼吸に対する興味は並々ならないものがあった．プラーナという気のエネルギーともいえる概念を用いて，それを最高原理，生命そのものなどと説いた．また，それは生命を維持するものであり，それが身体から離れると寿命がつきるという，生命を維持させる中核たる力と考えられてきた．そして，紀元前3世紀頃には，駻馬のように乱れる情動を制御するための手段の1つとして，調気法の体系が大まかに成立した．

インド的調気法と中国的呼吸法を比較した場合，中国的呼吸法は不老長寿を実現するための養生法の手段であり，そこでは，出息を主と捉える口腔出息・鼻孔入息という型をとっている[1]．これに対して，インド・ヨーガの調気法では，あくまでも情動を抑えてそこから超越し，安穏な絶対的境地へ向かうための手段として位置づけられている．呼吸を調えると心が調うという相関関係を古来より体験的に知っていて，それには入息を主と捉える鼻孔入息・鼻孔出息が重要とされた．

また，中国で大成された禅はヨーガに共通項の多い体系ではあるが，出息は口腔出息と鼻孔出息を段階的に使い分けて行うというように，中国的呼吸法の影響を強く受けている．このように，影響を受けた思想や時代によって様々な呼吸の仕方が体系立てられた．

c. ヨーガの調気法

呼吸のあり方を分類した場合，胸式によるものか腹式によるものか（胸息－腹息），腹息時の入息の際に腹部が膨らむか凹むか（順息－逆息），出息の際に長いか短いか（長息－短息），呼吸量が多いか少ないか（深息－浅息），入息，出息それぞれを鼻孔を経て行うか口を経て行うか（鼻息－口息），呼吸のテンポが速いか遅いか（速息－遅息）など，様々な要素が考えられる[2]．この表現を借りれば，ヨーガの呼吸法は，入息時は鼻息の腹息と胸息を統合的に行う意識性を伴った順息であり，出息時は鼻息，長息としている．呼吸量は段階的な深息と浅息を繰り返して，最終的には，意識性を越えて，まるで止まっているかのような遅息に落ち着くように導いていく．

腹式の入息は胸式に比べて吸入量が多く，肺活量の7割を腹式でまかなうことができる．呼吸が浅いと必然的にそのテンポは粗く速くなり，心の乱れへとつな

がっていく．心の情動を抑えていくためには，まずたっぷりと呼吸量が多い深息で，ゆったりとしたテンポの遅息へと導くことが肝要である．

ただ，腹式呼吸は副交感神経系の呼吸で，情動を静めるのには効果的であるが，特に初心者では，こちらに偏ると眠気を招くこともある．そこで，交感神経系の胸式呼吸も活用し，自律神経のバランスをとる必要がある．入息の際，胸式入息が腹式入息に先行すると身体が緊張して，腹式入息を十分に行うことができなくなるため，吸入量の減少をもたらしてしまう．効率良く吸入量を確保するためには，心の重心を下げて精神的な安定感をもたらす腹式入息を先行させた後に胸式入息を行うのが理想的である（後述）．

d. 呼吸の流れ方（「波形」）と呼吸の「間」

呼吸法の体系によって目的も解釈も様々ではあるが，入息〜出息〜入息〜出息と息の流れが波のように連綿と続いていることが呼吸本来の意味，目的であり，それによって命が続くとする解釈は共通であろう．そして，呼吸の流れ方（「波形」）は，その人の心の状態，情緒をそのまま映し出している．

呼吸と心の相関関係によれば，情動を鎮めるには，呼吸の速さ，深さ，繊細さ，滑らかさなどで表される呼吸の流れ方（「波形」）が重要な意味を持つ．呼吸技法の仕方（「型」）は，それをより良くするための手段であり，究極的には，呼吸に対する思想と「型」によってもたらされる「波形」，あるいはそこに至る過程こそが重要となる．それは，どのような量の息を，どのような時間をかけて，どのような流れ方（「波形」）で入出息するかという，呼吸量を表す空間的視点と長い短いなどの時間的視点で表される．

特に，入息と出息の長さとは別に，入息から出息に移る際の「間（ま）」と出息から入息に移る際の「間」のありかたによって，大きく波形に影響を与えてしまう[3]．たとえ，入息と出息それぞれが長く繊細であっても，「間」が詰まっていると緊張感や切迫感を与え，精神的に悪影響を及ぼす．つまり，入息と出息とそれに合う「間」合いが重要で，それが滑らかな波形を作るのである．呼吸の「間」とは，入息後出息し始めるまでと，出息後入息し始めるまでの間に意味や目的等の価値を持たせ，余情を生み出すような美的ともいえる「間」を自覚することにほかならない．このような「間」は，日本の伝統芸能に見い出すことができる．

入息後すぐに出息するよりも若干の「間」をとってから出息することによって，また，出息後すぐに入息するよりも若干の「間」をとってから入息することによって，呼吸の流れ方（「波形」）は美しく上質感を増し，心が急速に鎮まってくるのを実感することができる．

入息〜出息〜入息〜出息と息の流れが波のように連綿と続いていることが命の連続を意味することから，入息とは生の喜びであり，深く入息することによって気が満ちみちてくるのを感じることができる．そこに「間」があることで，生の喜びや充実感を拡張的に余韻をもって，より深く味わうことができる．出息は弛緩であり，ゆっくりと滑らかに出息していくことで情動の鎮まりや安堵感を感じることができる．そこに「間」があることで，その感覚が無限に広がり続けていくような余韻を感じることができる．

呼吸の「間」は，入息，出息に時間的空間的な拡がりと内面的深まりを生み出し，情動を鎮めるためには必須の要素となる．しかし，この「間」は息を止めることではなく，定量化できるものでもない．息の流れの中で感覚的に掴むものなのである．生の喜びや充実感，そして情動の鎮まりや安堵感を感じる瞑想的な「間」を捉えるには，唐突な「波形」とならないように，入出息の最初の挙動をそれぞれフェードイン・フェードアウトするかのように繊細に操作することが大切なのである．

e. 鼻孔入息ー鼻孔出息：その意味について

人間本来の生理呼吸は鼻孔呼吸であり，特別な要因がない限り，入息は鼻孔を通じて行われている．しかし，鼻腔炎症などによって鼻腔に閉塞が起こると，鼻腔抵抗が増加して鼻孔呼吸が困難となる．その時，自然と鼻孔から口腔へと呼吸経路が移行するようになっている[4]．また，瞬時に多量の呼吸を要する激しい運動時などは，口から入息，出息を行うようになっている．

ヨーガの調気法は，生理呼吸と同じ鼻孔入息・鼻孔出息を基本としている．呼吸と心の相関関係を重視したインドの呼吸技法では，「気」の概念であるプラーナの流れる脈管が鼻孔に通ずるという思想をも創り出した．そうした中で，情動を抑制し，真の自分を見い出す手段として重要な役割を任されたのがヨーガの調気法である．そのため，鼻孔入息・鼻孔出息でなければならない，より積極的な理由があるのである．

鼻孔呼吸と口腔呼吸の違いは，息が上咽頭と鼻甲介を通るか否かという息の流

通経路の違いであって，ガス交換という点では大差があるわけではない．鼻孔呼吸の場合は，鼻孔－鼻甲介－上咽頭を経て気道へと入息し，その逆の経路を経て出息する．口腔呼吸の場合は，口腔－中咽頭を経て気道へと入息し，その逆の経路を経て出息する．先に見た鼻孔入息－口腔出息の場合は，鼻孔－鼻甲介－上咽頭を経て気道へと入息し，中咽頭－口腔を経て出息する．じつはこの経路の違いに，重要なポイントが隠されている．それは，呼吸の目的がガス交換だけではないことを示している．

出息時の息の流れに感覚を集中させると，息が鼻腔の奥（鼻甲介）を通る際の刺激を感じとることができる．さらに，段階的により長くていねいな出息を行うと，息の流れがさらに上奥部の上鼻甲介，鼻腔上部へと至るのが体感でき，その時には，頭蓋に響くような特殊な感覚を得ることができる．その時，心地良い感

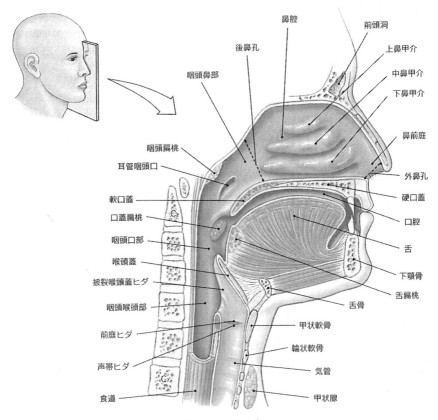

図 4.16　鼻甲介[5)]

覚とともに情動の鎮まりを感じることができる．それに対して，速く粗雑な出息をすると，息の流れは上鼻甲介まで至らず，下鼻甲介に流れるように感じられる．フェードイン・フェードアウトを心掛け，きわめて繊細に，ゆっくりと，むらなく，しかもていねいに出息する時には，上鼻甲介まで至る息を感じ，独特の刺激感を感じとることができるのである．したがって，鼻孔出息であっても，速く粗雑な出息であれば上鼻甲介の独特の刺激を感じることはできず，鼻孔呼吸の効果を十分に引き出せないものとなってしまう．

　出息が繊細であればあるほど，鼻腔上部へと奥まっていき，上鼻甲介の刺激，頭蓋の共鳴感を得ることができるという特徴がある．呼吸の流れ方（「波形」）が重視される意味合いがここにある．それに対して，口腔出息では，基本的にこうした感覚を得ることはできない．

　また，この感覚は入息時でも感じるが，体内で温められ，湿度を含んだ出息時の方が繊細に感じる．上鼻甲介を通るか否かの違いは，この感覚を得ることができるかできないかの差であり，それが鼻孔出息と口腔出息の最大の違いなのである．この部位は，脳に近く敏感であるだけでなく，ここを息が通ることによって副交感神経が刺激され，鎮静感を体感することができる．これによって，精神作用は鎮まり，心の情動は弱まり，ヨーガの調気法の目的が達成されるのである．

　情動が起こる時の心の状態は，心が1か所に安定せず認識の対象も煩雑である．情動を鎮めるには，心を1か所に集中，安定させることが重要な要素となる．集中の対象は，身体内部の刺激が最も具体的で，古来より使われてきた．こうした鼻腔の刺激感は，情動を鎮めるのにとても重要な役割を果たしているのである．それは，マインドフルネスが呼吸のみに意識を向けていくことと，原理的に共通している．

　ヨーガの伝統では，呼吸，特に出息は長くて微細であることが重視される．これはまた，他の多くの呼吸法に共通の要素となっている．ヨーガが鼻孔入息・鼻孔出息を説き，さらに長くて繊細な，むらのないスムーズな出息を説く理由は，息が上鼻甲介を長い時間にわたって柔らかく刺激し続けることに加え，身体に急激な刺激を与えないためでもある．呼吸，特に出息がゆっくりと繊細であることによって，情動を鎮める効果は高くなる．上鼻甲介を経て入出息されることによって，よりマインドフルに集中力も養われていく．

　これは，口腔出息よりも鼻孔出息の方が，情動を鎮めるのにふさわしく効果的

であることを意味している．このような呼吸の奥義を体得した古代のヨーガ行者たちは，この違いを実感し，鼻孔出息による長くて繊細な，むらのないスムーズな呼吸を伝えたと考えられる．

f. ヨーガの呼吸の仕方
　1)　段階的な呼吸量調整-「4つの呼吸」
　呼吸が命を支えている最も根本的な力であるにもかかわらず，私たちはそのことに気を配ることなく，あまりにも無頓着に過ごしている．そして，呼吸の乱れが自身の健康感に大きく影響を与えていることもあまり知られていない．特に呼吸の心に与える影響は非常に大きい．ここでは,呼吸の考え方を整理しておこう．
　息を深く吸入しようと性急に深く入息を試みても，吸入量の多い入息はできない．また，出息についても，むやみに溜め息のように急激に吐息しても，その効果を引き出すことはできない．
　息を深く吸入する際は，横隔膜や胸郭の動きと息の流れが合致するように段階的にゆっくりと入息量を増やすことで，入息による急激な緊張を身体に与えることなく，効率よく呼吸を深めていくことができる．単に深く入息をしようという意識と挙動だけでは，深く入息することはできないのである．そのために，段階的な入息はゆとりのある呼吸を導くのに重要な条件づけとなっている．
　また，段階的に呼吸量を減らしていくことによって，心身両面に徐々に弛緩感を与えていき，それが情動を鎮め,血圧の降下をももたらしてくれる．ここでは，呼吸量を4段階に分けて「4つの呼吸」と表現した．次に，調気法実践時の姿勢について解説しよう．
　2)　調気法実践時の姿勢
　調気法実践時の姿勢は，床で堅固に座を組んで，背筋を凛と伸ばした姿勢で行うのがヨーガの理想的な姿勢である．姿勢が不安定であると，それがそのまま心の乱れとなるため，姿勢は重要な意味を持っている．
　先に述べたように，呼吸の基本は腹式入息であり，それに胸式入息を加える形で呼吸量を増やしていく．しかし，猫背のような丸い姿勢では，それが座位であれ，立位であれ，横隔膜を圧迫し，腹式入息の妨げとなる．さらに，胸郭を十分に開くことができなければ，胸式入息もままならない．十分な入息量を確保するには，背筋，うなじが一直線に伸びた姿勢が理想的といえる．そうした姿勢をと

るのに負担を感じる場合は，椅子に座っても仰向けに寝て行ってもよい．腹部と胸部を圧迫しない姿勢で行うことが大切である．とくに，仰臥の姿勢だと，身体が弛緩して腹式呼吸を体感しやすくなる．

さて，調気法を行うためには，まず自分の呼吸を意識することが大切である．椅子に座るか仰向けに寝て，遠くを見るように眼球を弛緩させ，軽く目を閉じる．眉間，顔も緩め，その弛みを確認する．そこで自分の呼吸に集中してみる．息が鼻腔を通過する刺激や腹部が呼吸と連動して動いていることに気がつくはずである．こうして，呼吸のテンポや腹部・胸部の動きなど，呼吸の様子を探ってみるのである．

こうした自然呼吸への観察と集中によって，心と呼吸が落ち着いた後に，ヨーガでは積極的な意識呼吸によって呼吸の「波」を調えて情動を克服していく．

3) 呼吸を感じる―意識呼吸へ

こうした条件が整ったら，意識呼吸へと切り替えていく．呼吸は入息・出息ともに鼻孔から行い，また出息は入息の2倍くらい長くなるように心掛ける．テンポ感は，急がないで徐々に入息し徐々に出息することを心掛ける．

下腹部が膨らむように入息し，ゆっくりと出息していく腹式呼吸を基本に行う．腹部が十分に動かないからといって，力んで意図的に腹圧をかけないようにする．腹部の入息感を大切にしながら，自然と腹部が拡張するのが良い．呼吸の実践は体感的に行うのが理想であり，考えながら行うと，それが力みとなって息の流れや腹部・胸部の入出息による体感の妨げとなるからである．腹式呼吸とはいえ，肺呼吸の一環なので息が入るのは当然肺である．しかし，横隔膜が動き，腹部で入息を感じることによって，胸式呼吸では得られない重心の低さ，安定感を得られるのである．できるだけ，入息による充足感と出息による弛緩を味わうように行うのがポイントである．

「4つの呼吸」のいずれの段階でも，腹式呼吸を基本として行う．腹式呼吸を中心に行うことによって一定の入息量を確保でき，充足感，副交感神経の活性化とセロトニンの分泌を促す．そして，情動を抑え，気持ちにやすらぎ，余裕，集中力などをもたらすことができる．さらには，横隔膜の動きによって，腹部内臓の血行を促すこともできる究極的ともいえる呼吸の仕方である．

その一方で，積極性や躍動感を導く交感神経系の胸式呼吸も大切である．ただ，胸式呼吸を行う場合でも，それを独立して行うことはせず，腹式入息の後に続け

て胸式入息を行うのが理想的である．胸式入息を先行させると十分な入息量を確保できなくなるだけでなく，緊張が生じ，心は鎮静しにくくなってしまうからである．そこで，この両者のバランスを調えるのが「4つの呼吸」なのである．最初に腹式入息（副交感神経系）で十分な呼吸を確保した後に，胸式入息（交感神経系）へと展開することで，両者のバランスが調い，呼吸量も確保されるものとなる（第2段階「軽い呼吸」と第3段階「深い呼吸」参照）．下記の手順で，腹式呼吸と胸式呼吸を段階的に行う「4つの呼吸」を行ってみよう．

4）「4つの呼吸」の実践

①姿勢　ここでは腹部の動きを感じやすいように仰臥の姿勢で行う（図4.17）．床上で仰向けになり，全身の力を抜いて鼻腔を通る息や腹部・胸部の動きに意識を向ける．いずれの段階でも，入息直後に慌ただしく出息したり，出息直後に入息しないようにていねいに呼吸する．入息後はその入息による充足感を感じ，出息後はその出息による弛緩感を十分に味わえるだけの「間」をとるようにする．この「間」が呼吸に味わい深さを醸しだし，情動を鎮めるのに効果的な働きをするからである．腹部と胸部の変化を中心に写真を見比べてみよう．

図4.17　仰臥の姿勢

②第1段階（静かな呼吸・呼吸量少）　丹田（下腹部）に十分に息を満たす腹式入息と自然な出息（図4.18）．
・入息の際には，徐々に腹部が盛り上がるようにていねいに入息し，下腹部に息が満ちたような充足感のある「間」を体感する．

図4.18　腹式呼吸（静かな呼吸）

・出息の際には，腹部を緩めて入息の 1.5〜2 倍近くの長さで，ゆっくりと出息する．

③第 2 段階（軽い呼吸・呼吸量中）　丹田（下腹部）に十分に息を満たす腹式入息を行った後，スムーズに胸郭を開くようにして胸式入息を行う（腹式＋胸式入息）．そして，この入息の後に行う自然な出息（図 4.19）．

・入息の際には，第 1 段階の呼吸の仕方で腹部に十分に入息する．さらに入息を続けながら，胸郭（肋骨の下部）を軽く開くようにして，スムーズに胸式入息へと移行する．下腹部の充足感に続いて胸部に息が満ちた充足感の「間」を体感する．

・出息の際には，胸部・腹部を緩めて入息の 1.5〜2 倍近くの長さで，ゆっくりと出息する．

図 4.19　腹式呼吸〜胸式呼吸（軽い呼吸）

④第 3 段階（深い呼吸・呼吸量多）　丹田（下腹部）に十分に息を満たす腹式入息を行った後，スムーズに胸郭を開くようにして，目一杯，胸式入息を行う（腹式＋胸式入息）．そして，この入息の後に行う自然な出息（図 4.20）．

・入息の際には，第 1 段階の呼吸の仕方で腹部に十分に入息する．さらに入息を続けながら，スムーズに胸式入息へと移行する．最初に肋骨の下部を開くように，さらに上部の鎖骨あたりまで胸郭全体を開くように意識して深く入息する．下腹部の充足感に続いて胸部に息が満ちた充足した「間」を体感する．

・出息の際には，胸部・腹部を緩めて入息の 1.5〜2 倍近くの長さで，ゆっくりと出息する．

図 4.20　腹式呼吸〜胸式呼吸（深い呼吸）

図 4.21 腹式呼吸（各自の呼吸）

⑤第4段階（各自の呼吸・呼吸量極少） 自然な腹式入息と自然な出息（図 4.21）．意識的に行う第1～第3段階の呼吸の後に訪れるゆったりした腹式の自律呼吸．呼吸量は第1段階（静かな呼吸）の半分以下に落ち着き，ゆっくりとしたテンポの呼吸となっている．腹部が動いている様と息の流れを観察する．

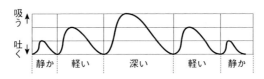

図 4.22 ヨーガの3つの呼吸の流れ

第1段階～第2段階～第3段階の仕方で段階的に呼吸量を増やしていき，第3段階～第2段階～第1段階～第4段階と段階的に呼吸量を減らして呼吸を落ち着けていく．1ラウンド，40～60秒程度を目安として行うといいだろう．呼吸に注意深く意識を向けて調えることで，呼吸の上質感を得るとともに，情動のないマインドフルな状態を感じることができるだろう．これを通常3～5ラウンド行う．それでも呼吸と心の安定感を得にくい場合は，5～10ラウンド程度繰り返す（図4.22）．

［番場裕之］

文　献

1) 番場裕之：インド的調気法と中国的「呼吸法」．東洋学研究，**49**：237-248，2012.
2) 春木　豊：動きが心をつくる，pp.83-84，講談社現代新書，2011.
3) 番場裕之：日本人の呼吸観～古典から現代的解釈に臨む～．東洋学研究，**51**：323-332，2014.
4) 臼井信郎：鼻呼吸から口呼吸への移行点．耳鼻咽喉科臨床，**74**(3)：357-365，1981.
5) 井上貴央訳：カラー人体解剖学　構造と機能：ミクロからマクロまで，p.485，西村書店，2003.
6) 番場裕之：5分でスッキリ簡単ヨーガで健康に！，NHK出版，2008.

補章
呼吸法の系譜

1. ホリスティック医学と呼吸

　ホリスティック医学を追い求めて30年余，呼吸法は常にその中核をなしてきた．ホリスティック医学とはからだ（body），こころ（mind），いのち（spirit）が一体となった人間まるごとをそっくりそのまま捉える医学である．

　私たちはまだ，1つの方法論としてのホリスティック医学を手にしてはいない．そこで身体に働きかける西洋医学と心と命に働きかける様々な代替療法とを組み合わせて，なんとか理想のホリスティック医学に近づけようとしているのが現状である．

　代替療法は多かれ少なかれ自然治癒力を介して治療効果を高める方法である．中国医学は代替療法の雄，なかでも気功を高く評価したのは1980年，初めての訪中の時であった．ちなみに気功の三要は調身，調息，調心である．気功はまぎれもなく呼吸法の一種と考えてよいだろう．逆に特に調息にウェイトを置いた功法を呼吸法と呼んできた節もある．いずれにしても本章では気功と呼吸法を同義語と考えていただきたい．

　さらに時間軸で考えてみると，人間まるごとであるから，病というステージにとどまらず，生老病死のすべてのステージを対象とするのがホリスティック医学である．医療と養生の統合と言ってもよいだろう．

　養生とは生命を正しく養うこと．これまでの養生は身体を労わって病を未然に防ぎ天寿を全うするという，どちらかと言えば消極的で守りの養生であった．身体に焦点を当てていたのである．ひるがえって，これからの養生は人間まるごと，焦点を命に当てて，日々，命のエネルギーを勝ち取っていくといった攻めの養生である．その攻めの養生の有力な方法論として呼吸法を位置づけたのである．つまり呼吸法はホリスティック医学の一翼を担う癒しの治療法であると同時に攻め

の養生の有力な手段なのである．だからわがホリスティック医学の中核をなしてきたのである．

ところで呼吸法と一口に言っても，4000年の歴史を有する膨大な世界である．呼吸法の系譜をまとめるにしても切り口はたくさんあって，なかなか一筋縄ではいかない．

そこで多くの呼吸法を横糸として，わが体験を縦糸として，とりあえず1枚の布を織ってみたのが本章である．「体験的呼吸法の系譜」，あるいは「呼吸法の系譜の私論」と言うべきか．

2. 調和道丹田呼吸法

a. 東京大学空手部

事の始まりは東京大学空手部であった．東京大学空手部に籍を置いたことをわが生涯の誇りとしている．時に昭和30年代の前半．敗戦の痛手もやっと癒えて，窮乏していた物資も出回り始め，老いも若きも人々の胸に希望の火が灯り出した，そんな時代であった．

流派は和道流．大塚博紀師範は温容という表現がぴったりの上品な紳士．

「ぷすっ！あとは楽うに」

もっぱら力を抜くことを教えられたような気がする．道場は医学部本館裏の七徳堂．春秋の合宿に訪れる先輩たちはじつに魅力的な人が多く，ともに汗を流す仲間たちも人間性豊かな人ばかりだった．振り返って，わが人格形成に彼らが与えてくれた影響には計り知れないものがある．

卒業後1年間のインターン生活を経て，東京大学第三外科に入局．当時の外科の修行はまさに徒弟制度．ひとたび重症の患者さんの受持ちになれば何日も病院に泊り込むなどざらで，なかなか自分の時間というものを持つことができない．そこで空手からはすっぱり足を洗うことにした．在学中に初段をいただいているし，よき友，よき時代の思い出を胸に全く悔いはなかった．

b. 八光流柔術

当時の第三外科は目白台にある東大の分院にあり，通勤は池袋駅東口から17番の都電で護国寺で降り徒歩5分．ところが護国寺の1つ手前の大塚坂下町のすぐ前のマンションに突然，「八光流柔術」なる真新しい看板が出たのである．毎

日のように見ていると，なんとなく興味をそそられてくる．空手魂がむくむくと頭をもたげてくる．ある日の帰路思い切って訪ねてみた．一度で納得．入門．

　昭和16年(1941年)，大東流を学んだ奥山龍峰氏が創始．一種の経絡武道である．鍼灸の治療点である経穴や経絡に瞬間刺激を与えて倒すのである．倒される方は経穴や経絡に刺激を受けるのであるから，そこに鍼灸の治療を受けたのと同じ効果が生まれる．つまり投げ飛ばされるたびに健康になっていくのである．何の努力も修行もいらない．こんな横着な健康法はないだろう．

　ところが倒す方はどうかというと相手の経穴や経絡に手が触れた途端，そこに臍下丹田の気を一気に運んで瞬間刺激を与えるのである．これはなかなか難しい．言うは易く行うは難し，一朝一夕に身につくものではない．まさに修行である．

　その修行の最中のある日，突然閃いたのである．そもそも技や芸には固有の呼吸というものがあるのではないか．その呼吸を身につけることが，その技や芸をマスターするために不可欠なのではないかと．ただ，この場合の呼吸とは吐く吸うの呼吸ではなく，"間合い"とか"こつ"とかの意味であるから，いささか短絡の謗りは免れない．

c. 藤田霊斉の夢

　そこで，当時日暮里の延命院で調和道協会の長允也氏が開いていた「道祖研究会」に参加したのである．道祖つまり創始者は藤田霊斉師．真言宗智山派の僧侶で，自らの身体の不調を克服するために，白隠禅師（1685〜1768年）の『夜船閑話』[1)]を学びながら，調和道丹田呼吸法を編み出したといわれている．

　そして，これがいったん世に出ると養生を求める人々に迎えられ，岡田虎二郎（1872〜1920年）創設の岡田式静坐法とともに天下の人気を二分し，一世を風靡したといわれ，晩年はハワイに渡って伝導に尽くし，1957年90歳の高齢を得て逝去．

　もちろん私は生前の師にお会いしたことはないが，昭和56年(1981年)の5月，ホノルルで開かれた道祖の25回忌法要に参加した際，そこに集う溢れるばかりの人々に驚き，往時の調和道協会ホノルル支部の隆盛ぶりをうかがうことができた．

d. 岡田式静坐法

　一方，岡田式静坐法については，無為の境地で坐ることによって七情は和し，全身に活力と人生の悦びが湧き出してくるという[2]．

　まさに老子の世界であるが，岡田虎二郎と坐ることによって，それだけで万病が癒えていったという．心のときめきこそ自然治癒力を高める最大の要因と考え，また共有する場の自然治癒力の向上がそれぞれの内なる自然治癒力を向上させると考えるならば，あながち誇張ではないだろう．人気の謂れはここにある．

　そして肝腎の呼吸については，静坐の座につき，姿勢を正し，呼吸を整えた後は，呼吸のことは忘れて坐るのが静坐であるという．いったん身につけたらすべて忘れ去れというところは，まさに老荘の妙味であるが，先の無為から歓喜へといい，彼の思想には老荘に近いものがあったようだ．

　さらに，その呼吸の仕方であるが，吐く時は胸を虚にし，吐く息はゆるく長くし，熟達すれば吐く時に下腹が膨れてかたくなり，力が満ちて張り切るようになるという．これは白隠禅師の内観の法そのものではないか．岡田式静坐法といい調和道丹田呼吸法といい，ルーツはやはり白隠禅師なのだ．

e. 村木弘昌の功績

　さて，延命院の道祖研究会でしばらく丹田呼吸法の基礎を学んだ後，正式に調和道協会に加盟する．当時の本部は鶯谷にあり，会長は2代目の村木弘昌氏であった．小柄で温厚そのもの，人を圧するようなところの全くない，およそ一流一派の総帥とはとても思えない人というのが初対面の時の私の第一印象であった．

　村木氏は30年余にわたって会長職を務め，調和道丹田呼吸法の発展普及のために力を尽くしたが，その最大の功績は，何といっても呼吸法に現代医学の光を当てたことだろう．

　まずは三大体腔説．人間には頭蓋腔，胸腔，腹腔という3つの体腔があり，当然のことながら，互いに関連し合っている．丹田呼吸法による腹腔内圧のリズミカルな変動は胸腔内圧のリズミカルな変動をもたらし，さらに頭蓋腔内圧にもリズミカルな変動をもたらす．それぞれの内圧のリズミカルな変動によって含まれる臓器に対するマッサージ効果が生まれ，血行の改善がもたらされる．中国医学では血行の滞りを瘀血と呼んで万病の元と見なしているくらいで，血行の改善がいかに臓器の健康に資するものかおわかりいただけると思う．この血行改善の効

果を腹腔だけにとどめず，三大体腔の関連において論じたことに村木氏のオリジナルがある．

次なる功績は"癒し"という言葉を初めて正しく用いたことではないだろうか．東京工業大学の上田紀行氏（文化人類学）によれば，癒しという言葉が初めて四大紙に登場するのは1988年の毎日新聞である．ところが，村木氏の『万病を癒す丹田呼吸法』[3]が上梓されたのが1984年．こちらの方が4年も早いのである．

身体の一部に生じた故障を，あたかも機械の修理のように直すのが"治し"なら，内なる生命場のエネルギーを上昇させるのが"癒し"．呼吸法は身体の故障を治すための方法ではなく，生命場のエネルギーを上昇させるための癒しの方法なのだ．だから「万病を癒す丹田呼吸法」であって，決して「万病を治す丹田呼吸法」ではないのだ．まだ癒しが人口に膾炙しない時代に，早くも癒しの意味を正確に理解し，丹田呼吸法を癒しの方法として位置づけた村木氏の炯眼には心底驚くとともに，当時，そのことに全く気づかなかった私自身の不明を改めて恥入る次第である．

それともう1つ，がんという病が身体だけの病ではなく，心や生命(いのち)にも深く関わった病であることを早くも見破っていたことである．がん治療の現場での長い経験の中で，私自身がこのことに気づくのはずっと後半のことである．それだけに村木氏の凄さがわかるのだ．だから，がん治療としては

① 身体に働きかける物理化学的方法：西洋医学
② 主として自然治癒力を介して生命に働きかける方法：いわゆる代替療法
③ 心に働きかける方法：治療者と患者とのきめの細かいコミュニケーション

がその三本柱であって，いずれを欠いても戦力ダウンは否めない．呼吸法も②の代替療法の一翼を担って大いに貢献してもらいたいものである．

f. 三木成夫の世界

呼吸法を語る上で三木成夫氏の存在はあまりにも大きい．たしか調和道協会の顧問をされていたはずだが，東京大学医学部解剖学教室を通じての村木氏とのご縁と聞いている．少し長くなるがここは拙著『白隠禅師の気功健康法』[4]と『太極拳養生法』[5]から引用させていただく．

「今から4億年の昔，古生代の終わりに，私たちの祖先は海中の生活を捨てて，緑なす陸上へと上陸を敢行する．その時，呼吸器官に一大革命が起こる．鰓呼吸

から肺呼吸への変換である．単に呼吸の出入口が変わったということではない．エラというのは腸管の最先端である．腸管の筋肉は平滑筋，いわゆる植物性の筋肉である．日夜を問わず動き続けても疲れない．胃や腸を思い出していただきたい．起きていようと眠っていようと，歩いていようと休んでいようと腸管は関係なく動き続けている．一方，手足を動かしたり歩いたりするための筋肉は横紋筋，いわゆる動物性の筋肉である．こちらは瞬発力という点では平滑筋よりはるかに秀でているが，疲れやすく，平滑筋のように動き続けることはできない．このように，鰓呼吸の時代は呼吸と体動，平滑筋と横紋筋との間で完全に分業が成り立っていたのである．呼吸は呼吸，体動は体動，全く関わりなく，それぞれのペースを刻んでいたのである．」

ところが，肺呼吸となると様相は一変する．肺は魚の浮き袋の変化したもの．筋肉というものを持ち合わせないゴム風船のようなものである．いっぱいに膨らんだゴム風船は，出口を開ければゴムの弾力によって中の空気を吐き出してしぼむことはできるが，自力で空気を吸いこんで再び膨らむということはできない．だからゴム風船のような肺組織だけでは，吸ったり吐いたりの呼吸運動は不可能なのだ．そこで呼吸筋の誕生である．頚部の筋肉，胸部の筋肉，横隔膜などの横紋筋の助けを借りて初めて肺呼吸が完成する．これはこれで人類の進化のための大いなる成果には違いないのだが，困ったことに平滑筋と横紋筋の分業が成り立たなくなってしまったのである．

技や芸に集中して身体を動かしている時は，どうしても呼吸がおろそかになる．その結果，時間が経つとともに血中の酸素分圧は落ち，二酸化炭素分圧は上昇する．そこで一瞬，身体の動きを止め，1呼吸，間にはさむことによって酸素分圧と二酸化炭素分圧を元に戻すことが必要になってくる．これが技や芸における拍子とか間合いとかになる．というのが三木氏の説なのである．三木氏のおかげで，呼吸と間合いとの関係が確立されたのである．八光流柔術に熟達するためには八光流柔術固有の間合いというものを身につけなければならない．よしっ呼吸法を学ぼう，と調和道丹田呼吸法の門を叩いたのは決して短絡ではなかったのである．

そして三木成夫の世界は昇華して，一躍ロマンの世界となる．再び前出の書から引用する．

「それは，いいかえればエラと原始肺をあわせ持った，あの数百万年の歳月にわたるデボン紀（地質年代の1つで，古生代中，シルル紀の後，石炭紀の前の時代．

約4億1000万年前から3億6000万年前まで)の"波打ち際"の出来事ともいえるものですが，この水と陸のはざまにあって，彼らは来る日も来る日も進むべきか退くべきかと迷いつづけたに相違ない．そしてついに石炭紀（デボン紀の後，ペルム紀の前の時代．約3億6000万年前から2億9000万年前まで）の到来とともに，そのあるものが故郷の海を捨てて，敢然と未知の陸へ這い上っていったのです．石炭紀のあの古代緑地へ……．私たちはこれを脊椎動物の"上陸"と呼びならわしているのですが，この華やかなドラマの陰に，ある重大な出来事が秘められているのを忘れてはならない．それはこの上陸に対して"降海"とも呼ぶことのできる物語なのです．彼らのあるものは陸に上がることをあきらめて，ふたたび故郷の海へ戻っていった……．そこには古生代の水辺を舞台に繰り広げられた，脊椎動物の「兄弟の決別」という，実は隠された大きなドラマがあったのです．」

どうです．この大いなるロマン！そして，私たちの呼吸のリズムが寄せては返す波打ち際のリズムになったという．

3. 白隠禅師の『夜船閑話』

a. 白隠禅師

白隠禅師の下に私を導いてくれたのは調和道協会第2代会長を務めた村木弘昌氏である．月に2回催される谷中の全生庵の仏教清風講座を担当されていた．谷中の全生庵は無刀流の創始者山岡鉄舟（1836～1888年）が開いた臨済宗の名刹．当時のご住職は平井玄恭老師．

今でも鮮やかに思い出すのは，よく晴れた5月のある日の午後．場所は全生庵の本堂．さわやかな5月の風に乗って村木先生の静かなそして抑揚のない声が流れていく．多少の眠気と窓外の新緑の中で聴く白隠禅師の話は心地よい．

ということで白隠禅師の話は第1節の中に組み入れてもよいのであるが，白隠禅師といえばわが国の呼吸法の歴史の中であまりにも大きな存在なので別に項目を設けることにした．白隠禅師についてはこれまでも何回となく書いているので，拙著『太極拳養生法』[5]から引用する．

白隠禅師は江戸中期の臨済宗の僧．名は慧鶴，駿河の人．若くして各地で修行，京都妙心寺第一座となった後も諸国を遍歴教化，駿河の松蔭寺（現在は沼津市原）などを復興したほか多くの信者を集め，臨済宗中興の祖と称された．気魄ある禅画をよくした．諡号は神機独妙禅師・正宗国師．著作では『夜船閑話』のほかに

『遠羅天釜(おらてがま)』,『延命十句観音経霊験記(えんめいじゅっくかんのんきょうれいげんき)』が有名.(『広辞苑』より)

b. 内観の法

　激しい参禅修行の末に禅病（一種の神経衰弱）に，さらに宿痾ともいうべき肺結核症を克服するために，白隠禅師が編み出した丹田呼吸法の１つが「内観の法」である.

　この内観の法については『夜船閑話』[1]に詳述されているので，拙著『白隠禅師の気功健康法』[4]から引用する.

　「この「内観の法」なる「仙人還丹」の秘訣を修めるためには，参禅工夫はひとまず置いて，ぐっすりひと眠りすることだ.そうして，仰臥して目を瞑り，かといって眠り込まずに，両脚を伸ばし強く踏み揃え,（息を吐きながら）体中の元気を臍輪,気海,丹田,腰脚,そして足心に満たすようにするのである.それから次のように観想してみるがよい.

　我がこの気海,丹田,腰脚,足心,総に是我が本来の面目.面目何の鼻孔がある.
　我がこの気海,丹田,腰脚,足心,総に是我が本分の家郷.家郷何の消息がある.
　我がこの気海,丹田,腰脚,足心,総に是我が唯心の浄土.浄土何の荘厳がある.
　我がこの気海,丹田,腰脚,足心,総に是我が己身の弥陀.弥陀何の法をか説く.

　このように，繰り返し繰り返し観想するがよい.この観想の効果が積もれば，一身の元気いつしか腰脚足心に充足して，臍下が瓢箪のように充実してくること，篠打ちして柔らかくする前の固く張った蹴鞠のごとくである.」

　ひらたく言えば，蒲団の上に仰臥して，ということは大の字に寝て，足の幅を少し狭めた状態.そして，体中の元気を臍輪,気海,腰脚,そして足心に満たしていくためには息を吐きながらではなくてはならない.つまり，逆腹式呼吸である！これが調息.

　そして観想が調心.繰り返し繰り返し観想をしながら逆腹式呼吸をしていると，一身の元気がいつのまにか腰脚,足心に満ちて，下腹部が，まだ篠打ちしていない蹴鞠のように固く張ってくるというのが調身.

　つまり，白隠禅師の「内観の法」は調身,調息,調心のそろった，気功の原点であることがわかる.ベッドから離れられない患者さんとか自宅療養中の患者さんには，自然治癒力を高める方法として，これをすすめている.仰臥して，これを試みてみると，初めは順腹式呼吸の方がやりやすい.ちなみに，吸う時に腹部

を膨らませて，吐く時に凹ませるのが順腹式呼吸で，反対に吸う時に凹ませて吐く時に膨らませるのが逆腹式呼吸である．要はやりやすい方から始めて，ゆっくりと逆腹式に移行していけばよいのである．何事も功をあせらず，肩の力を抜いて気楽にやることだ．肩の力を抜くことも調身の1つには違いない．

c. 虚　空

　白隠禅師を慕って集い来る若い修行僧たちが，参禅修行によって体調を崩すのを防ぐために「内観の法」をすすめるわけであるが，彼らが熱心に呼吸法に励むのを見て，これに水をさす．

「ところで，ここに至って考えてみたのである．中国の導引術遣い，齢800歳に達した彭祖にしたところで，ただ生きているだけならば，愚かにも死骸の番をしている幽鬼のようなものではないか．これでは古狸が穴の中で眠りこけているようなもので意味がない．生まれたからには，いくら生きても最終的にはやはり死ぬのだ．葛洪，鉄拐，張華，費張などという仙人がいくら長生きしたからといって，それらの仙人を現在見ることができようか．長生きしたとはいえ，やはり，皆，死んでいくのだ」

「それよりは，四弘誓願による菩提心を奮い起こし，菩薩の威儀に学び，仏法の教えを説き，虚空に先立って死せず，虚空に遅れて生まれないというほどの，不生不滅であって虚空と同歳といった境地，不退堅固の真の仏法の姿をこの身をもって体現しようではないかと」

　生きながらにして虚空と一体となれと言うのである．呼吸法は元来，スピリチュアルなものだ．呼吸法を虚空に結び付けたことこそ，白隠禅師の面目躍如ということなのだろう．それにしても「虚空に先立って死せず，虚空に遅れて生ぜざる底の……」とは，なんたる名文ではないか．

4. 気　　功

a. 気功との出会い

　1975年，東京都のがんセンター的役割を担ってスタートした都立駒込病院で，意気軒昂として食道がんの手術に明け暮れていた私はやがて西洋医学の限界を感じるようになる．

　そこで求めたのが中国医学．部分を見るに長けた西洋医学に繋がりを見る中国

医学を合わせることによって，すなわち中西医結合によって治療成績の向上がもたらされるのではないかと考えたのである．そこで，中西医結合によるがん治療の実状を視察する目的で東京都の衛生局に願い出て初めての訪中．1980年9月のことである．私たちを招聘してくれたのは北京市がんセンター．15日間の日程のすべてを放射線科の張益英医師と謝玉泉医師の2人が案内してくれた．

最初に訪れたのが北京市郊外にある北京市立肺がんセンター．リーダーは肺がん手術に関する世界的権威である辛育齢教授．中国医学にも造詣が深く，鍼麻酔の推進者としてつとに内外に勇名を轟かせていた．この日も肺がんの手術を鍼麻酔で行っていた．手術室に入ると，左開胸の手術が酣．3人の外科医が手術の手を休めて，私たちに向かって歓迎の会釈．会釈を返して患者さんを見るとこれがまた会釈．これには度肝を抜かれた．左手の"合谷"と左前腕の"三陽絡"のツボにそれぞれ1本の鍼が刺してあるだけである．途中で麻酔が切れたらしく患者さんが顔をしかめることが2度．一度は2本の鍼の頭をとんとんと叩いただけですぐに麻酔が戻ったが，もう一度は叩いただけでは戻らず，小さな通電器を用いて戻った．

手術が終わって，辛育齢教授にあれは誰にでも一様に効くのですかと問うたところ，効く人と効かない人がいる．効く人は性格が素直な人だという．素直ではない人に気功を3週間指導すると鍼麻酔が効くようになるという．しかし，これから手術を受ける人が素直であるか素直でないか判別することは無理なので，全員に術前3週間の気功に参加してもらうのだという．

ここで"気功"という言葉を初めて耳にしたのである．ちなみに，わが国における気功の草分けである津村喬と星野稔の共著『図説　気功』が柏樹社から出るのが4年後の1984年である．ただ，この時すでに気功という言葉は知っていた．しかし見るのは初めてである．今も中庭で患者さんたちが練功しているからということで生まれて初めての気功との出会い．円陣を組んで練功している数名の人たちを見て，あっ！これは呼吸法だと納得．そして，なぜか，これこそ中国医学のエースだ！と直観したのである．

そこで，わが中西医結合によるがん治療の中心に気功を据えるべく，できるだけ多くの資料を集めて帰ることにした．折りしも文化大革命が終わって人々の間に知識欲が鬱勃として起こり，北京の王府井にある新華書店は人々でごったがえしていた．

b. 西湖と蘇軾

　気功の書物も 20 種類くらいはあったのではないだろうか．そのすべてを買い求めたことは言うまでもない．そして北京の視察を終えて上海に移動する途次に杭州の景勝地である西湖に遊ぶ．

　西湖は，かの蘇軾（1036〜1101）が
　水光激灔として晴れて方に好し
　山色空濛として雨も亦奇なり
と謳ってこよなく愛した処である．そして白隠禅師の『夜船閑話』に，蘇軾の内観の法が紹介されている．

　「食事は空腹になってから食べ，腹八分目で止めておく．そして散歩をして，できるだけ空くように努め，静かな部屋で端坐瞑目して，出入の息を数える数息観を修す．一息から数え十に到り，十から数えて百に到り，百から千へと数えていくと，やがて身体は兀然として動かず，心は寂然たること虚空に等しい．これを久しく続けていると，あるとき，ひと息おのずから止まって，出るのでもなく入るでもなくなる」

　内観の法によって体中の 84000 の毛穴から雲が蒸し霧が起こるように，無始劫来の諸病を除き去って，諸障が自然に除かれるとしている．

　当時の西湖は海外からの旅行者は少なく，至って静かな佇まいで，蘇軾ゆかりの蘇堤に 1 人坐って調和道丹田呼吸法を行った時の情景をなつかしく思い出すことができる．

5. 院内気功道場顛末

a. 病院開設

　中国より帰国．北京で買い求めてきた気功関係の書を片端から読んでいき，気功の概要がおぼろげながら掴めてきた．すなわち調身，調息，調心の三要さえ具えていればすべて気功であることがわかったのである．それならば中国の功法をあわてて導入する必要はない．わが国にだって沢山あるではないか．調和道丹田呼吸法しかり，楊名時太極拳しかり，八段錦しかり，などなどである．そこでまず調和道丹田呼吸法と，一段錦と三段錦を術後の患者さんに教えてみた．

　ところがこれがとんだ誤算．1 人として乗ってこないのだ．まず当時は病名告知が普及していない．がんという病名を告知していないのだから再発を防ぐため

5. 院内気功道場顛末

図1 院内の旧道場での調和道丹田呼吸法の実修（1988年）

に気功を身につけるという説明はできない．その上，気功について知っている患者さんは皆無といってよい．情況はすべて不利．中西医結合のがん治療なんて土台無理な話なのだ．これまで通り外科に徹していくしかないのかと半ばあきらめかけたが，一度考えたことはなかなか払拭できない．それどころかやがて東から風が吹いてくるような予感がしてきたのである．中国からの風ならば西風なのだが東洋医学という頭があるから東風と思ってしまったのだ．となれば自分の病院を開いて，独断専行でやっていく方がよいのではないか．

それならばと，中西医結合によるがん治療を旗印に掲げた病院を郷里の川越に開いたのが1982年11月．気功道場はあるにはあるが24畳と至って手狭．功法としては調和道丹田呼吸法と八光流柔術．八光流柔術は気功ではないが，前述したように相手の経穴や経絡に手がかかった途端に丹田の気を一気にそこに運ぶという所作が気功的であることから，これも気功の一員に加えたのである．

しかし病名告知といい，気功に対する認識といい，駒込病院時代とさして変わりなく，折角開いた気功道場も閑古鳥が鳴いているという状況だった．そこで一計を案じてスタートしたのが楊名時太極拳を中心にした養生法の会．家内の稚子が指導．名づけて「三学修養会」．三学とは佐藤一斎の『言志四録』[6]の

　若々しく学べば壮にして為すあり
　壮にして学べば老いて衰えず
　老いて学べば死して朽ちず

図2　院内の新道場での太極拳の実修

に陽明学者の安岡正篤師が「三学」と名づけたものを借用したのである．

　この目論見は当たった．楊名時太極拳そのものの人気と相俟って，初めから賑わいを極めた．この時点ではまだ太極拳を遠くから眺めていた私は，入院患者さんに早朝のクラスを設けるべく，ある日曜日の午後，4時間ほど特訓を家内から受ける．

　翌朝から入院患者さんたちを集めて太極拳を教え始めたのだから，厚顔の誇りを免れないだろう．しかし自信はあったのである．空手の経験から家内が演じる太極拳を何度も垣間見ることによって大体の動きは掴んでいたのである．爾来30有余年，自己実現の道として，わが養生法の中心を為してしまった太極拳であるが，教えてもらったのは後にも先にもこの時だけである．これまた自己流の誇りを免れない．

　まして恩師楊名時先生からその技術的な面での教えを受けたことはない．しかし，今でも敬愛してやまない楊名時先生と杯を酌み交わしためくるめく日々の中で，先生から与えられた心の糧の大きさは計りしれないものがある．

b.　太極拳

　ここで太極拳について少し触れてみたい．まずは名称の由来．中国の『簡明武術辞典』（黒竜江人民出版社，1986年）によれば，「中国拳法の一種．創始は清

代（1616～1912年）の初期．乾隆帝治世の間（1735～1795年）に山西の民間武術家の王宗岳氏が『周子全書』（宋代の道学家，周敦頤の著作）を土台に『易経』の太極陰陽の哲理に基づいて，拳法の道理を解明して『太極拳論』を著した．ここに「太極拳」という名称が確定された」．

命名者の王宗岳は明代末の人との説もあり，その素生には定かではないところもあるが，太極拳そのものは王宗岳が新しく発明した拳法ということではなく，以前から長拳とか十三勢と呼ばれていた拳法が『易経』の太極陰陽の哲理に基づいていることを知って，長江や黄河のように滔々と流れて絶えることないものとして命名したという．

誰がいつ創始したかについては，この王宗岳のほかにも，宋代（960～1276年）に武当山（中国湖北省西部の山．道教寺院群あり．世界遺産）に住んでいた張三峯氏が創始した太極武当拳であるとか，明代（1368～1644年）の張三豊氏であるとか，明代の名将戚継光であるとか，河南省出身の陳王廷だとか，諸説紛紛の様相を呈している．

さて，太極拳における呼吸法であるが，基本的には四肢を上げる時に吸い，下げる時に吐き，四肢を身体に引き寄せる時に吸い，攻撃の目的で突き出す時に吐くという武術の呼吸であり，これを拳勢呼吸と呼んでいる．

ただ，私見を述べるとすれば，太極拳で一番大事なのは套路ではないだろうか．套路とは途切れることなく連綿として続く動きのことで，その繋がりがきわめて緊密な場合をいう．つまり套路とは李白の

　君見ずや　黄河の水天上より来たるを
　奔流して海に到り　復た回らず

を思い起こさせる滔々たる大河の流れであり，そこにはかならずダイナミズムが伴い，このダイナミズムこそ太極拳の命と考えている．だから呼吸もこのダイナミズムを発揮するために套路たらしめるものであればよいのではないだろうか．

c. 中国気功界との交流

こうして和製の功法でスタートしたわが道場であったが，中国との交流が足繁くなるにつれ，自然発生的に功法のレパートリーが増えていく．例えば北京の楊秀峰氏が持ち込んできた「宮廷21式呼吸健康法」，上海の黄健理氏が持ち込んできた「放松功」，そして，やはり上海の汪希文氏が持ち込んだ「智能功」などである．

図3　市内の公園での早朝練功

　こうして，わが道場にも中国の功法が増えていったが，それでも，こちらからあえて中国に出向いて行くということはなかった．あくまでもホリスティック医学の一環と考えていたからである．

　ところが1988年，上海で第2回国際気功シンポジウムが開かれた際，日本気功協会の山本政則理事長から，私に演題発表をとの要請が舞い込んだのである．一度はお断りしたものの再度の要請黙しがたく，重い腰を上げたというのが実状である．

6. 上海市気功研究所

a. 第2回上海国際気功シンポジウム

　1988年9月．場所は西郊賓館．主催するは上海中医学院と上海市気功研究所．日本側の団長格は人体科学会を率いる湯浅泰雄先生．その他，山本政則，仲里誠毅，吉見猪之助，大須賀克己，山内直美，中川雅仁，小原田泰久など後に日本の気功界の発展に貢献する人々が顔を揃えていた．

　中国側でひときわ異彩を放っていたのは気功麻酔で有名な林厚省氏．顔の艶もひときわ良ければ動作もきびきびしている．おまけに衣服まで高級品だ．1日，彼の気功麻酔のデモンストレーションがあった．甲状腺腫瘍の手術．すでに術野

の消毒が済み布片がかけられている．患者の右サイドに術者がメスを持って立ち，対側に助手が立っている．患者はまだ意識があり，きょろきょろとあたりを見回している．やおら林厚省氏が患者の頭側に立ち，患者に何か話しかけた後，両手を剣指の形にして患者の額の印堂穴に狙いを定める．2～3分すると患者のきょろきょろが静まってくる．意識はあるが，気持ちが鎮まってきたようだ．林厚省氏が術者に声をかける．さっと甲状腺部の皮膚にメスを入れる．血が迸り出る．患者は少なくとも痛みは感じていないらしく，その表情にさしたる変化はない．助手がすかさずガーゼで切り口をおさえる．術者は次の操作に移る．あとは坦々と手術が進んでいく．

学術集会の方はどうかというと，"気"そのものがまだその存在を証明されていないのだから，発表も多士済々だ．新気功の中川雅仁氏は「ハイゲンキ」なる気の出る器械を持ち込んで，大道芸人さながらの実演に及んでいたし，私自身の「がん治療現場における気功の応用」も些細な症例報告にすぎなかった．

北戴河気功療養院の張天戈氏や劉亜非氏の発表もあったし，気功の腕自慢による表演会における山内直美氏による太極拳，吉見猪之助氏による空手の表演も思い出されるが，正しいかどうかということになると，多少の覚束なさはある．

b. 上海市気功研究所

このシンポジウムを機に上海市気功研究所との長い交流が始まる．当時の気功研究所はまさに梁山泊．林厚省氏のほかにも腕自慢がそろっていた．まずは長老格の林雅谷氏．きわめて静かな口調で，調心の大事さを説いていた．たしか晩年はカナダで暮らしていたはずだ．長らく所長の任にあった柴剣宇氏は実直そのもの．何回も来日して気功の日中交流に貢献していた．

柴剣宇氏の後の所長を務めていた黄健氏もなつかしい．いつも静かな口調で語る学者肌の人で，北戴河の劉貴珍氏の胸像建立の除幕式にも一緒に参加した仲である．

学者肌といえば，何といっても馬済人氏である．『中国気功学』の著者で，中国気功界切っての理論家である．黄健理氏の紹介で初めて彼の居室を訪れた日のことは今でもよく覚えている．外が残暑の日差しが強い分，部屋の中はひんやりといささか暗く，高い天井で大きな扇風機がからからと回っていた．何かを認めていた毛筆の手を止めて，静かな笑みを浮かべながら私を迎えてくれた．

それから仲秋の名月の夕べ，月餅の箱をぶらさげた人々で賑う南京東路のレストランで一緒に杯を傾けたことがある．とはいっても杯を傾けたのは私の方で，彼は杯にはほとんど口をつけなかったはずだ．この人から気功に関して，それは多くのことを学べると期待していたところ，彼は夭折してしまった．たしか60歳前後．病名は知らない．その時初めて知ったのであるが，あれだけの名著を物にしながら，自らは気功を一切しなかったというから驚きだ．

そのほかにも腕自慢には事欠かず，折にふれて，誰彼となく私にその腕前を披露してくれたものである．さすがは梁山泊．観るだけで人に感動を与える人も1人や2人ではない．練功歴は何年ですかと問うと，異口同音に40年と答える．そこで覚ったのである．気功は40年にして初めて物になると．だから気功の道に入ったならば，40年はつべこべ言わずにやってくれと皆さんに説いている．そのためかわが気功道場は至って静かなものである．

7. 『中国気功学』に学ぶ気功の源流

なつかしき馬済人氏の『中国気功学』[7]から気功の源流について紹介したい．古代の中国，農耕に明け暮れする人々が，疲れを癒すために両手を上げて伸びをしたり深呼吸をしたりしたのが気功の始まりである．

a. 戦国時代（BC403～221年）

『黄帝内経』．この時代に著された中国最古の医書．ここに「導引按蹻」という言葉が初めて現れる．「導引」の名は『内経』だけでなく『荘子』の中にもみられ，

　導気令和：気を導いて和せしめ

　引体令柔：体を引いて柔せしむ

の文をもって導引の語源とする説がある．

『内経』に出てくる導引については，唐代に『黄帝内経』を『素問』と『霊枢』に大別して編纂した王冰は「導引とは，筋骨を揺らし，支節を動かすことである」と考え，清代の張志聡は「導引とは両手を高く上げて，呼吸することだ」と考えていた．その他の考えをも総合して，馬済人氏は，肢体を動かし，呼吸を鍛錬し，自己按摩を行うといった，動的あるいは静的な鍛錬法は，すべて導引に含まれるとしている．しかし，導引吐納というくらいだから，吐納が呼吸法であるとすると導引には呼吸の意を含ませず，『荘子』の考えの方が順当ではないかと思って

みたりしている.

「按蹻」の「按」は皮肉をもみ,さすること,「蹻」は手足を素早く上げることで,これは自分で行うことを意味し,他人にしてもらう「按摩」とは一線を画している.

『老子』.春秋戦国時代の思想家の１人である老子の著作.老子は道家の祖.『老子』は『老子道徳経』とも呼ばれているが,その第３章に「虚其心,實其腹」(その心を虚しく,その腹を実にする)とあるのを後世の人が「上虚下実」と解釈して,気功の調身の基本としている.

『荘子』.『老子』と並び称せられる道家の代表著書.著者の荘周は戦国時代の思想家で孟子と同時代の人とされている.『荘子』の「深々と呼吸して気の新陳代謝をはかり,身体を熊が木にぶらさがった時のようにしたり,足を鳥が飛び立つ時のようにすばやく伸ばしたりして,長命を保とうとする」の部分を馬済人氏は明らかに古代の気功について述べたものであるとしているが,この件はそれほど単純ではないようだ.

『道教と養生思想』[8]によれば,

「……『荘子』外篇・刻意篇には,さまざまな人間類型をあげて,それぞれを批評している記述があり,その中に養形的な養生術である導引を論じて,つぎのようにいう.

吹呴呼吸し,吐故納新し,熊経鳥伸するのは,寿(ながいき)できるだけのことで,これは導引の士や養形の人,あるいは仙人・彭祖のようなものの好むことだ.

導引という呼吸法をともなう身体運動に対して,この篇の作者は批判的である……」

どういうことかというと,まず長寿に批判的である.馬済人氏の文章では長寿を養生の目的のように思っているが,長く生きればいいというものではないというところがいい.そして,養生には養形と養神がある.形を養うことと精神を養うことである.この作者は,つまり養形よりも養神を上位に見ているのである.馬済人氏も,この件を読んでいる筈だが,長命を得るところで引用を終えている.

しかし,ここで見方の問題を論ずるのは本意ではない.養形を調身と考え,養神を調心とすれば,どちらも三要のうち,気功にとっては甲乙つけ難い大事な要素なのだ.馬済人氏は養形の中に養神も含めてしまっているのに違いない.

坂出氏も私見としながらも,「養神」という養生術が,行気のごとき,なんら

かの身体的修行によって，体内の「気」と外のそれとの同調を獲得することであると論じている．

儒家の代表としては顔回の「坐忘」をあげている．顔回は春秋末期の魯の賢人で孔門十哲の首位．その顔回が静坐を研究していたことは，『荘子』大宗師の中にみられる．

顔回曰く，「私は坐忘ができるようになりました」．仲尼（孔子）は身を正して曰う．「坐忘とは何か」

顔回が曰う．「肉体の存在を忘れ，耳目の働きを捨て，肉体と知を離れ，自然と一体化すること，これを坐忘といいます」

蛇足ながら言えば，これをみる限り『荘子』の作者とされる荘周よりも顔回の方が古い．ちなみに荘周と同時代を生きた孟子が前372～前289年，顔回が前521～前490年，孔子が前551～前479年である．

秦の始皇帝（前259～前210年）の宰相，呂不韋およびその賓客たちの編集による『呂氏春秋』の有名な「流水は腐らず」をあげている．すなわち「流水は腐らない．戸枢は虫食まれない．動くからである．形(肉体)と気もまた同様である．形が動かなければ，精は流れない．精が流れなければ，気は鬱してしまう」と．

これは貝原益軒が『養生訓』の中で説く「家業に励む」に通ずるものである．感謝の念を持って立ち働くことも養生の道なのである．

そして，呼吸の鍛練について整理された形で残っているもっとも古いものとして，「行気玉佩銘」を紹介している．これは戦国初期（前280年頃）のものと考えられている．小さな12面体の石柱に彫られた45文字．これを文学者の郭沫若（1892～1978年）が次のように解説している．

「これは深呼吸の手順を示している．つまり，深く息を吸えば，その量は多くなり，下に伸びていく．下に伸びれば，定まって固まる．そのあと吐き出すわけだが，ちょうど草木の芽が萌えるように，上へ上へと，入ってきた時の経路を逆に通って戻っていき，最後は頂に至る．このようにして，天機は上に向かって動き，地機は下に向かって動く．これに順って行えば生き，逆に行えば死ぬ」

b. 両漢時代（前206～後220年）

まずは『導引図』．1973年に長沙の馬王堆3号墓から発掘されたもので，長さ1mほどの帛（絹の布）に40余りの画像が描かれており，中に「仰呼」，「猿呼」

など呼吸法を併記したものもあるという．

同時に発掘されたのが『却穀食気』と言われる古佚書である．ちなみに佚書とは逸書とも書き，書名だけが文献に残り，実物はその所在を失って伝わらない書物のことである．「食気」は「服気」ともいい，呼吸法のことである．

淮南王劉安はその著『淮南子』の中で，練功につき「吹呴や吐故納新の呼吸をしたり，熊のぶらさがりや鳥の羽振り，鳬の水浴，猿の足踏み，鴟の首振り，虎の後顧などを行うのは形骸を養う人である」と説き，後に「六禽戯」と呼ばれている．

『傷寒論』で有名な後漢の張仲景はその著書『金匱要略』の中で導引吐納の効果について述べ，同時代の外科医，華佗は『呂氏春秋』の「流水は腐らず．戸枢は虫ばまれない」と『淮南子』の六禽戯を組み合わせて「五禽戯」を編み出したことで有名．五禽とは虎・鹿・熊・猿・鳥のことである．

そして，後漢の初めに仏教とともに「大安般守意経」がインドから伝来．ここに記された「アナパーナ・サチ」なる呼吸法は釈尊が悟りを開く契機になったと言われている．時に釈尊は35歳．釈尊の呼吸は数息，相随，止，観，還，浄の6段階からなる．

① 数息：出入の息を数えて心を統一する．
② 相随：善法を行うことによって解脱を得るわけだから，善法の実行と解脱とは影のように寄り添っている．これを相随と言う．数息から数をかぞえることを放てば，そのまま相随になる．つまり意と息が相り随うことになる．
③ 止：五楽（出家楽，遠離楽，寂静楽，菩提楽，涅槃楽）と六入（眼・耳・鼻・舌・身・意）とを制止すること．つまり下界の刺戟を遮断すること．
④ 観：出息を観じ，入息も観じて，すなわち真理を観ずること．
⑤ 還：心に悪を起こさぬこと．法にかなった呼吸を絶えず実践していくところに還が養われていくという．
⑥ 浄：念(おもい)を断つことであり，所有なしで，大自然の運行とともにあること．そしてつらぬくは出息長の呼吸である[11]．

c. 魏晋南北朝時代（220〜589年）

後漢滅亡後，黄巾の乱を平定して華北を統一，魏王となった曹操（155〜220年）は神仙の術に感心が高く周囲に多くの方術士たちを集めていたという．

老驥　櫪(うまや)に伏すとも
志　千里に在り

と詩う彼にしてみれば宜(むべ)なるかなと言うべきか．神仙と言えば魏の老荘学者にして竹林の七賢の1人，嵆康（223～262年）がいる．『養生論』を著して，神仙になるための方法について論じ，養神と養形の両面から養生を説いている．さらに『秋胡行』という詩の中で「呼吸が太和すると，形は練られ，色は易わる」と詠んでいるという．

調息がなってこそ調身と調心が得られ，調心がなってこそ調身と調息が得られるというスパイラルな関係を指摘しているのではないだろうか．

東晋の人，張湛の『養生要集』は名だたる佚書である．しかし『養生要集』の佚文は，日本，中国の古典籍の中に，夥しい量が見い出されるという[8]．例えば，わが国で平安時代の丹波康頼が編纂した『医心方』（984年）30巻の中に312条の佚文を拾うことができるといわれている．

その他にも平安時代以降のわが国の様々な書物に引用されており，坂出氏が平安時代に将来されていたものと推測している中国の文献では，六朝時代の陶弘景（456～536年）の『養性延命録』，隋の巣元方の『諸病源候論』，唐の遜思邈の『備急千金要方』などにかなりの数の佚文が見い出されるという．

張湛の養生の大要は嗇神，愛気，養形，導引，言語，飲食，房室，反俗，医薬，禁忌の10項目であるが，最初に嗇神（心を愛し養う養生法）をあげているように，養神が中心である．

同じく東晋の人，葛洪（283～343年頃）は医学者であると同時に神仙導引を提唱した人であった．その著『抱朴子』には，各種の長生きの方法が記されている．練丹術（錬金術）に関する部分は多分に迷信的であるが気功導引の記述については見るべきものが多いという．

呼吸につき彼が提唱するのは「胎息」である．曰く，「胎息を体得した人は，鼻口で呼吸せず，まるで胞胎（子宮）の中にいるように静かである．……常に吸気を多く，呼気を少なくする．水鳥の羽毛を鼻口の前につけておいて，吐息のときにこれが動かないように練習する…」胎息は魅力的だが，吸気を多く呼気を少なくというのは交感神経優位の状態をもたらすのではないだろうか．

南北朝期の陶弘景（456～536年）は医師であるとともに道士であった．彼の編述による『養性延命録』で提唱される呼吸法は「閉気納息法」．次のような記

述があるという．

「およそ行気するには鼻から気を納れ，口から気を吐き，これを微かに行う．長息とよぶ．納気は1種，吐気には6種ある．納気の1種とは吸．6種の吐気とは吹（チュイー），呼（フー），唏（シー），呵（コー），嘘（シュー），呬（スー）であり，いずれも気の出し方を指す」

陶弘景以前の呼吸法は『抱朴子』のそれのように吸気を主体にしたものであったが，呼気に重点を置いたのは彼が最初であるという．のちに「六字訣」となり現在も臨床に応用されている．

d. 隋唐五代時代（581～979年）

『諸病源候論』は，隋の煬帝（568～618年）の頃，巣元方らの撰によるもので，病源，症候を論述した専門書で，この書物の特徴は，気功以外の治療方法が全く述べられていない点である．

同じく隋の時代の人に天台智顗（538～597年）がいる．中国の天台第3祖，実質的には開祖．『天台小止観』の中で，呼吸法の要諦として「身体を寛放すべし」と説いている．「寛放」とは仏教用語であるが，自らを虚空に解き放って一体となることなのではないだろうか．呼吸法の相手として初めて「虚空」が登場したのである．

唐の時代といえば，孫思邈である．医師にして老荘思想にも仏教にも通じていたという．その大著『備急千金要方』は中国史上最初の臨床医学百科全集である．古代の気功についても精しく，呼吸の鍛錬の重要さを，次のように説いている．

「気息が理を得たなら，百病は生じない．もし消息がうまく行われなければ，諸病が生じる．摂養をきちんとできる人は，調気の方法を知っている人だ．調気の方法は，万病，大患を治療することができる」．

e. 宋金元時代（960～1368年）

宋，金，元の時代，道教に内丹術が起こり，その一部が古代気功と融合した．さらに中国医学の流派が盛んに興り，隆盛を迎えたのもこの時代である．

坂出氏によれば，不老長寿の目的で水銀を主成分とする丹薬を服用する外丹に対して，不老長寿の丹薬を，自分の力で自分の体内（特に丹田）に作り出そうとする主張をさしているという．そして，このような主張は隋代に始まり，この時

代に至って広がりをみせたという．さらにこの主張は現在の気功にそのままあてはまるのではないだろうか．

道教の経典を集成したものを「道蔵」と呼んでいるが，北宋の代，1019年に成立した『雲笈七籤』は「小道蔵」と呼ばれているくらい，その内容は道教全般にわたっている．撰者は張君房．当然のことながら，古代気功も数多く含まれている．

北宋の詩人，蘇軾（1036〜1101年），号は東坡．名文章家であるとともに正義感あふれる政治家．政変にまきこまれて黄州に流される．詩を詠み，酒を飲み，釣りをするという無聊な日々の中で，生の不安あるいは死の不安に対して自らを鍛えるということで仏教と道教に興味を持ち，不老不死の方法を求めたと言われている．

春宵一刻直千金

花に清香有り月に陰有り

最後は南宋の大儒にして宋学の大成者，朱熹（1130〜1200年）にご登場願おう．朱熹といえば「静坐法」．古来，静坐という言葉は仏教や道教でも使われていたが，宋代になって儒教独自の静坐が朱熹らによって模索されたという．朱熹は敬を重視し，「居敬」の一部として静坐を位置づけた（ウィキペディア）．

『広辞苑』（第6版）によれば

きょけい［居敬］　宋の程頤(ていい)の説．常に一を主として他にいくことなく，敬(つつしみ)を以て徳性を涵養すること．窮理と並行する修養法として朱子学で重んぜられたが，王陽明に批判された．

きょけいきゅうり［居敬窮理］　内には慎んで徳を積み，外には物事の道理や法則をめること．朱子学の中心課題の1つ．

さらに静坐における呼吸法も重視し，『調息箴』なる書物を著している．蘇東坡が登場して白隠禅師へ繋がったので，ここまでを気功ないしは呼吸法の源流として，馬済人氏とはここで感謝の念とともにお別れをする．

8. 忘れてはならない人々

a. 『養生訓』の貝原益軒

白隠禅師と並ぶ養生法の大家，貝原益軒（1630〜1714）の『養生訓』では呼吸法についていかに述べているだろうか．『養生訓・和俗童子訓』[10]から引用する．

「(呼吸は人の正気) 呼吸は人の鼻よりつねに出入る息也．呼は出る息也．内気をはく也．吸は入る息也．外気をすふ也．呼吸は人の生気也．

……是ふるくけがれたる気をはき出して，新しい清き気を吸入れる也．新とふるきとかゆる也．是を行なふ時，身を正しく仰ぎ，足をのべふし，目をふさぎ，手をにぎりかため，両足の間，去事五寸，両ひじと体との間も，相去事をのをの五寸なるべし．一日一夜の間，一両度行ふべし．久してしるしを見るべし．気を安和にして行ふべし．

(呼吸の仕方) 千金方に，常に鼻より精気を引入れ，口より濁気を吐出す．入るる事多く出す事すくなくす．出す時は口をほそくひらきて少吐くべし．

(ゆるやかに呼吸せよ) 常に呼吸のいきは，ゆるやかにして，深く丹田に入べし．急なるべからず．

(調息の法) 調息の法，呼吸をととのへ，しづかにすれば，息やうやく微也．弥久しければ，後は鼻中に全く気息なきが如し．只臍の上より微息(の)往来する事をおぼゆ．此の如くすれば神気定まる．是気を養う術なり．呼吸は一身の気の出入りする道路也．あらくすべからず」

身を正しく仰ぎ，に始まる調身の部分は白隠禅師の内観の法に似ている．貝原益軒の方が先輩なので，白隠禅師が貝原益軒の調息の方法を参考にしたということか．ただ異なるのは益軒氏は吸う息を重視しているのに対して白隠禅師は呼気を重視していることである．益軒氏は唐代の孫思邈の『備急千金要方』を参考にしているのに，白隠禅師は蘇東坡に学んだ上に大勢の修行僧を相手にしての実践の結果なのではないだろうか．

b. 上海癌症クラブと郭林新気功

上海癌症クラブはがんの患者さんだけで組織するクラブである．歴史はおよそ20年といったところか．2007年の時点で，およそ1万人の会員を擁し，会長は袁正平氏．彼を補佐する李守栄氏，周佩氏，盧慧娟氏など幹部の面々．

がん患者さんであって，ごくわずかの年会費を納めれば誰でも入会できるが，入会後はひたすら各種養生法の切磋琢磨．その中心は気功，それも郭林新気功である．この功法は自らのがんを克服するために女流画家の郭林さんが編み出したものである．

郭林新気功は「五禽戯」をもとに，両腕を振りながら前進していく「風呼吸法」

である．風呼吸法とは，鼻から吸い鼻から吐くもので，吸う時は"風"の音を少し立てるが，音の大きさは自分だけが聞こえるくらいでいい．さらにこの呼吸法は両吸一呼，すなわち吸って吸って吐いてである．つまり吸気にウェイトを置いている．がん細胞が酸素に弱いという性質を配慮したものに違いない．

会員は，毎朝，区域ごとに定められた公園や広場に集まって，まずは郭林新気功の練功である．そのあと持参したお弁当を開いて情報交換，時々は専門家を招いての勉強会やダンスパーティーにピクニックと楽しい集まりもある．

もう1つ郭林新気功の利点として，公園や広場で全員が一列縦隊になって歩を進めることによって連帯感を高められるということがある．がん患者さんというものは多かれ少なかれ孤立感に噴まれるもの．そしてこの孤立感こそ免疫力や自然治癒力を弱める最大の要因である．病の克服という共通の目標に向かって切磋琢磨することによって孤立感を和らげ，免疫力や自然治癒力を高めていくことこそ上海癌症クラブの目的であり，その中心が郭林新気功なのである．

1993年3月，上海の虹口体育館と上海十二製薬廠の講堂で開かれた癌症クラブのオリンピック大会に招かれたのをきっかけに，毎年5月の連休を利用して癌症クラブと帯津三敬病院の患者さんの有志と中国の地で交流会を開くのが恒例になったのである．一日，上海市内の会場で大会と称してエールの交換をした後，翌日から名所旧跡に移動しての練功．クラブの誰彼が同行して，本場の郭林新気功を教えてくれる．実際，クラブの幹部の人たちの気功の実力には目を見張るものがある．まさに継続は力なりと言うべきか．もちろん名所旧跡はその年によって変わる．蘇州，杭州，無錫，揚州，煙台など思い出は尽きない．

c. 北戴河の劉貴珍

北京から東へ列車で5時間ほどの渤海湾に面した景勝の地，北戴河に気功康復医院は存在する．広大な松林の中に10棟ほどの建物が点在している．外観は似ていて，一見しただけでは区別がつかないが，外来棟とか病棟に分かれているらしく，午前10時頃にベルが鳴り響くと，複数の建物から三々五々，患者さんたちが現れて，松林の中の定められた場所に集まる．

日課の練功が始まるのだ．指導は劉亜非さん．彼女は北戴河に拠って近代医療気功の基礎を築いたと評価される劉貴珍氏の娘さんである．その劉貴珍氏こそ，"気功"という名称の名付けの親なのだ．

4000年の歴史の中で，導引吐納法は多くの種類を生み出し，しかもそれぞれが独自の名称を堅持していた．それでは不便ということで，劉貴珍氏が，「正気を養うことを目的とした自己鍛錬法を"気功"と呼ぶ」ということを『気功療法実践』なる著作の中で提唱したのである．1957年のことである．

　澄みわたった青空に冴する亜非さんのよく通る号令が耳に鮮やかに残っている．それとは別に，松林の中の少し広くなったところに，いつも2人の青年が待機していて，ふらりとやってきた患者さんの求めに応じて，太極拳の指導をしているのも印象的だった．

　劉貴珍氏の高弟の張天戈氏の要請で，気功のセミナーのために全国から集まって来た人々を対象に，わが病院における気功の現状について講義をしたのはいつのことであったか．さらには劉貴珍氏銅像の除幕式を兼ねた，北戴河気功康復医院40周年記念の式典に招かれたことがあった．たしか1996年の8月のことで，日本からは同行の鵜沼宏樹氏と2人だけ．出席者の中には上海市気功研究所の黄健所長とか「智能功」で一世を風靡した庞明氏の姿もあり，貴重な体験をさせていただいたことを今でも感謝している．

9. その他の呼吸法

a. ヨーガ

　畏友，番場裕之氏の論文『インド的調気法と中国的「呼吸法」について』（東洋学研究，第49号，平成24年3月）からの抜粋である．

　まず，紀元前3世紀頃には，ヨーガの手段の1つとして，調気法が大まかに成立したという．そして大切なのは，呼吸の制御が，道教のように，不老長寿を実現するための養生法や健康法を直接の目的とはせず，解脱に向かうヨーガ行法の1つとして取り扱われていることである．これが，インドにおける調気法の最大の特徴である．

　そしてヨーガ的実践では鼻孔入息し鼻孔出息による入息ー出息の調気法が最もふさわしいものとして形成されてきた．出息ー入息の調気法が全くないわけではないが，歴史の中で熟考され，体験的に最もふさわしいあり方が伝承されてきたと考えるべきである．

b. 坐　禅

臨済宗の名刹，谷中の全生庵の平井正修老師に教えを乞うたところ，それは白隠禅師の呼吸法に尽きますよ，と一言．まさにその通りと納得．第4章を参照いただきたい．

c. 武　道

かつて調和道協会の顧問をされていた佐藤通次氏（ドイツ文学　元皇學館大學学長）の著『武道の真髄』[12]から引用する．

「すべて人間の本格の動作は，吐く息とともに行われる．呼気は人間が事を実現する際の息であって，息を吐く時，人は能動の構えに居るのである．武道においても，その他の技芸においても，吐く息は実，吸う息は虚である．人間が身を起こしているのは，活動の最中にあるのであるから，覚醒時の呼吸においては呼気が主であるべきである．息を吸うのは，神の恵みのうちにあって人事を尽すことである．ゆえに武道においては，すべて新しい動作に移るには，必ず吸う息から始めるとともに，重要な動作の最後の締めくくりは，すべて吐く息とともに行うことを心得とする」

大事なのは吐く息である．さらに言う．

「人は，身を起こしているかぎり，常に腰を立て，下腹に力がこもるようにしなくてはならぬが，その中にあって，特に下腹に緊張を加えながら，静かに息を吐き出す．そして20～30％の息を残して，下腹の力をちょっと弛める．ところが，外には1気圧の力が常時働いているので，ちょうどスポイトの手を弛めた時のように，外の空気が自然と肺の中に押し入ってくる．それは瞬間に行われるが，上に述べた理により，想像以上の多量の空気が，肺底にまで入りこむのである」

つまり，逆腹式呼吸である．武道の呼吸は逆腹式呼吸なのである．

10.　呼吸法の現代医学的意義

情動との関連において，ここで呼吸法の現代医学的意義に触れてみたい．

a.　三大体腔理論

すでに本章の第1節で触れているが，大事な点なので，もう一度繰り返す．丹田呼吸法による腹腔内圧のリズミカルな変動は腹腔内臓器の血行を改善するとと

もに，胸腔内圧と頭蓋腔内圧にもリズミカルな変動をもたらし，結果的に全内臓の血行を改善することを提唱し，「三大体腔理論」と命名したのは調和道協会の村木弘昌氏であった．

呼吸運動による内臓のマッサージ効果による血行の改善についての動物実験についてはそれなりに海外でいくつかの論文が発表されてはいたが，これを呼吸法の意義として取り上げたことは氏の功績である．

b. 自律神経のバランスを回復する

呼気によって自律神経のうちの副交感神経が優位に働き，吸気によって交感神経が優位に働くということは今や定説になっているが，およそ30年ほど前，早稲田大学で月例で開かれていた「呼吸研究会」で，今を時めく斉藤孝教授（教育学，明治大学）が，「呼吸の現象学」と題して，このことについて発表したことがある．

斉藤孝氏はたしかまだ東京大学の大学院生だったはずだが，この発表を私自身，新鮮な驚きをもって迎えたと記憶しているところを考えると，この定説もそれほど古いことではないのかもしれない．ちなみに，研究会のメンバーは座長の春木豊教授（早稲田大学，心理学），本間生夫教授（昭和大学，呼吸生理学），石井康智教授（早稲田大学，心理学），高田明和教授（浜松医大，生理学），斉藤孝院生（東京大学，教育学）など錚々たる人たちであった．

情報化社会の中にあって私たちは交感神経優位の状態を余儀なくされている．副交感神経がおいてきぼりをくっているのである．呼気にウェイトを置いた呼吸法によって副交感神経が立ち上がり，自律神経のバランスが回復するのである．

c. 有田秀穂のセロトニン理論

大脳皮質の前頭葉，特に前頭前野はすべての大脳皮質，大脳基底核・視床下部・小脳・脳幹との間に広範な線維連絡を持ち，意思，思考，創造など高次精神機能と連絡し，個性の座と見なされている．

その前頭前野から，ドパミン（dopamin），ノルアドレナリン（noradorenalin），セロトニン（serotonin）の3種の脳内物質が分泌され，ドパミンは人の意欲を掻き立て，ノルアドレナリンはストレスに向かう"なにくそ！"という集中力を高め，セロトニンは人に対する思いやり，すなわち共感力を高める．

この意欲，集中力，共感力はいずれ劣らず高次精神機能である．自然治癒力が

十分に発揮された状態と言ってもよいだろう．そしてなかでもリーダー格がセロトニンで，この分泌を高める方法の筆頭が呼吸法だというのが有田氏の考えなのである．

d. エントロピーを排出する－調息

　私たちの体内では生命を維持するために日々様々な反応が行われており，このためのエネルギーは太陽に発して植物の光合成を通してもたらされる．そして，体内で，それぞれの反応に即したエネルギーに変換されて用いられるわけであるが，エネルギーが変換されるたびにエントロピー（entropy）が発生する．エントロピーは熱力学上の概念であるが，ここでは錆とか汚れとか廃棄物のようなものとお考えいただきたい．体内のエントロピーが増大すると，秩序が乱れて健康が害される．にもかかわらず私たちが日々溌剌として健康を維持しているのはなぜなのか．エントロピーを熱や物にくっつけて廃熱，廃物の形で体外に捨てているというのが，オーストリアのノーベル賞物理学者のエルビン・シュレーディンガー（Erwin Schrödinger）の提唱するところで，今ではこれも定説になっている．

　廃熱，廃物といえば，汗をはじめとする分泌物，大小便，そして呼気である．特に何回でも継続できるということでは，なんといっても呼気である．ということで調息は，エントロピーの増大を防いで体内の秩序の維持を図るための，一番の手段となる．

e. 自己組織化力の向上－調身と調心

　調身も調心もエントロピーの排出には直接はよらない．しかし，体内の秩序性を高めることには寄与していることは間違いない．

　調身とは上虚下実，上半身の力が抜けて，下半身に力が漲っている状態が基本である．反対を考えてみる．頭がガンガンと拍動性に痛くて，肩は凝り，下半身はヘナヘナ，膝はガクガク．これはどうみても仕事にかかれる状態ではない．内部エネルギーは至って低い．

　比べて上虚下実は，まさにいつでも来い，仕事にかかろうとする状態である．内部エネルギーはきわめて高い．自己組織化力の高い状態である．エントロピーと直接関係なくとも，秩序性は高い．

　調心も同じである．雑念で一杯の心よりは雑念を払って何事にも集中できる心

の方が，仕事にすっと入れる．これまた内部エネルギーは高い．自己組織化力の高い状態である．

このように，調息はエントロピーの排出によって，調身と調心は自己組織化力の向上によって体内の秩序性を高め，生命力の高滋養をもたらすものなのである[2]．

[帯津良一]

文　献

1) 伊豆山格堂：夜船閑話，春秋社，1983．
2) 小松幸蔵：岡田虎二郎－その思想と時代，創元社，2000．
3) 村木弘昌：万病を癒す丹田呼吸法，柏樹社，1984．
4) 帯津良一：白隠禅師の気功健康法，佼成出版社，2008．
5) 帯津良一：太極拳養生法，春秋社，2013．
6) 佐藤一斎：言志四録，講談社学術文庫，1978．
7) 馬済人著，浅川要監訳：中国気功学，東洋学術出版社，1990．
8) 坂出祥伸：道教と養生思想，ペリカン社，1992．
9) 町田三郎：呂氏春秋，講談社学術文庫，2005．
10) 貝原益軒著，石川　謙校訂：養生訓・和俗童子訓，岩波文庫，1961．
11) 村木弘昌：釈尊の呼吸法，柏樹社，1979．
12) 佐藤通次：武道の神髄，日本教文社，1977．
13) 有田秀穂：セロトニン呼吸法，地湧社，2002．

●索　引

α-γ連関　28
α-シニクリン　77
autobiographical memory　74
CBT　2, 34
central sleep apnea　14
Cognitive Behavioral Therapy　2
COPD　29
corticotropin-releasing hormone　26
CRH　26
C-線維末端受容器　28
entropy　152
Lewy body disease　77
NIRS　22
obstructive sleep apnea　15
olfactory sulcus　78
Parkinson's disease　69
PD　69
Pre-Iニューロン　15
PTSD　1, 2
rapid eye movement sleep　75
REM　75
slow wave sleep　75
sniffing　70
sniffing行動　79
STAI　21
state trait anxiety inventory　21
T&Tオルファクトメータ　76
UPSIT　76

ア　行

アナパーナ・サチ　143
アルツハイマー病　69
アルファ（α）運動神経　12
アロマテラピー　67, 81
安静呼気位　6
息こらえ　80
医心方　144
痛みの軽減　83
1次嗅覚野　70
1回換気量（呼吸の深さ）　74
癒し　128
意欲　151
イリタント受容器　28
咽頭炎　4
インド的ヨーガ　113
うそ発見器（ポリグラフ）　46
うつ病　66, 78
雲笈七籤　146
運動ニューロン　12

易経　137
淮南子　143
エネルギー　7
鰓呼吸　128
エルビン・シュレーディンガー　152
延髄　3, 72
エントロピー　152

横隔神経　23
横隔膜　9, 119, 120, 129
横隔膜呼吸　2
王宗岳　137
横紋筋　129
大うつ病障害　26
岡田式静坐法　126, 127
岡田虎二郎　126
オレキシン　58-60, 67

オレキシン欠損マウス　61, 62
オンディーヌ　42
オンディーヌの呪い　42

カ　行

快情動　64-66
外肋間筋　9
外的表象　34
解糖系酵素活性　8
貝原益軒　146
海馬体　69, 73
過換気　6
覚醒　19
覚醒刺激　95
核袋線維　28
郭林新気功　147
風呼吸法　147
型　115
活性酸素　4
過膨張　29
かまえ　40
軽い呼吸　121
がん　128
観　143
還　143
顔回　142
眼窩前頭葉　71
観想　131
がん治療　135
間脳　71
寛放　145
ガンマ（γ）運動神経　12
関連痛　53

気　142
気管支ぜんそく　28

気功　124, 133
擬死反応　56
気沈丹田　104
吉祥坐　94
機能的残気量　6, 29
却穀食気　143
逆説恐怖　56
逆腹式呼吸　131, 150
キャノン-バード説　47
嗅覚　69
嗅覚障害　69
嗅溝　78
嗅細胞　70
急性期のストレス　56
吸息筋　8
宮廷21式呼吸健康法　137
嗅内皮質　25
嗅内野皮質　69
旧脳　70
共感力　151
胸腔　127
胸腔内圧　6, 150
胸式呼吸　115
胸式入息　121
胸壁　10
居敬　146
ギリシャ悲劇　38
緊急反応　47
筋強直性ジストロフィー　78
金匱要略　143
筋ジストロフィー　78
筋紡錘　11

狗子仏性　85
行気玉佩銘　142

経穴　126
芸術　40
芸術心理学　41
経絡　126
解脱　149
結跏趺坐　95
血流シフト　61
血流の臓器配分　54

見性　85
拳勢呼吸　137

呼息筋　8
交感神経　52, 53, 115, 144, 151
交感神経作用　53
口腔　116
恒常性維持　58
恒常性機能　72
荒城の月　42
高炭酸ガス血症　6
黄帝内経　140
行動性呼吸　13
興奮性の情動　67
降魔坐　94
高齢者施設　101
五戒　86
呼吸　1, 96
呼吸運動　27
呼吸関連不安電位　22
呼吸筋　6, 8, 101, 104, 129
呼吸筋ストレッチ体操　27
呼吸困難　4
呼吸困難感　27
呼吸数　74
呼吸性アシドーシス　6
呼吸性アルカローシス　6
呼吸性神経細胞　3
呼吸性リズム　24
呼吸中枢　27
呼吸の間　115
呼吸法　85, 101, 113, 124
　──の仕方　115
五禽戯　143
虚空　132, 145
心のケア　36
孤束核　15
骨格筋　8
コミュニケーション　79
孤立感　148
昏睡　6

サ 行

錯乱　6
鎖骨　11
坐禅　85, 93, 150
坐禅の呼吸法　85
雑念　97
サブリミナル効果　50
坐忘　142
左右分離脳患者　50
酸・塩基度　5
三学　86, 135
酸素　3
酸素分圧　4
三大体腔理論　150
三大体腔説　127
三要　141

ジェームス-ランゲ説　46
只管打坐　99
自己組織化力　152
自己中心主義　34
静かな呼吸　121
自然治癒力　124, 148
自然報酬　65
自伝的記憶　74
自働性呼吸　13
斜角筋　9
釈尊　88
上海癌症クラブ　147
上海国際気功シンポジウム　138
上海市気功研究所　139
十三勢　137
集中力　151
朱熹　146
受動ストレス反応　56
順腹式呼吸　131
浄　143
上咽頭　116
上虚下実　141, 152
小止観　97
状態・特性不安尺度　21

状態不安度 21
情動 1, 69, 150
情動障害 26
情動性呼吸 17, 72
情動盲 49
上鼻甲介 117
徐波睡眠 19
序破急 41
徐波睡眠時 75
諸病源候論 145
自律神経 14, 52, 151
鍼灸 126
心筋 7
深呼吸 1, 142
身正体鬆 104
心身相関 52
心身の統一 93
心静用意 104
心息動 100, 104
身体芸術 37
心的外傷後ストレス障害 1
伸展受容器 28

随息観 99
随意呼吸 73
錘外筋 12
錘内筋 12
数息 96, 143
数息観 98
頭蓋腔 127
ストレス 28
ストレス関連物質 26
ストレス防衛反応 56, 60, 65
ストレス誘発鎮痛 58, 61
ストレス誘発発熱 62
ストレッチ 12, 101, 104
隅田川 38
甩手 106, 109

静坐法 146
精神盲 49
精神療法 2
正の情動 79
生理呼吸 116

赤核脊髄路 13
赤筋 8
戚継光 137
脊柱起立筋 11
絶対的境地 113
セラピー 73
セロトニン 97, 120, 151
禅 114
禅定 86
前頭前野 73, 95
セントラルコマンド 55, 58

双極性障害 78
荘子 140
相随 143
曹操 143
臓側胸膜 6
蘇軾 134, 146

タ 行

太極陰陽 137
太極拳 85, 99, 106, 109, 136
太極拳論 137
代謝性呼吸 13
体性神経 14
胎息 144
代替療法 124
ダイナミズム 137
大脳皮質 17, 70
大脳辺縁系 25
タイプI 7
タイプIIA 7
タイプIIB 7
他者中心主義 34
達磨大師 91
丹田 97
丹田呼吸法 150

智慧 87
秩序性 152
智能功 137
中咽頭 117
中国医学 132

中国気功学 139
中国的呼吸法 114
中枢(視床)起源説 48
中枢性循環調節 54
中枢性睡眠時無呼吸 14
中枢-末梢ミスマッチ 28
中西医結合 133
中側頭葉 73
調息 131
調気法 149
張君房 146
長拳 137
張三峯 137
張三豊 137
調心 100, 124, 131
調身 100, 124, 131
調息 100, 124
張仲景 143
調和道協会 126
調和道丹田呼吸法 125, 134
陳王廷 137
沈肩垂肘 104
鎮静性の情動 67

低酸素 27
てんかん 50, 66
天台小止観 145
伝統的代替補完医療 1
転倒防止 101

導引按蹻 140
導引図 142
導引吐納 143
頭蓋腔内圧 151
動機付け 65
陶弘景 144
統合失調症 78
闘争・逃走反応 56
闘争または逃走 47
套路 137
特性不安度 21
ドーパミン 26, 151
努力感 27
努力性呼吸 30

ナ行

内観の法　131
内側側頭葉てんかん　22
内丹術　145
内的表象　34
ナルコレプシー　59, 66

二酸化炭素　16, 97
日本舞踊　40
日本文化　34
認知行動療法　34

能　37
脳幹　14, 97
脳機能局在　21
脳機能マッピング法　73
脳血流　6
脳磁図　22
能動ストレス反応　56
脳波　22
　——の速波化　61
脳波ダイポールトレーシング法　22
能面　38
ノルアドレナリン　151

ハ行

肺うっ血　4
肺呼吸　129
背側呼吸神経グループ　15
パーキンソン病　69
白衣高血圧　63
白隠禅師　90, 126, 130
波形　115
運び　40
馬済人　140
八段錦　106, 109, 134
白筋　8
八光流柔術　125, 135
パニック障害　2
パニック症候群　72

パニック発作時　62
鍼麻酔　133
半跏趺坐　95
般若心経　88

備急千金要方　145
鼻腔　117
鼻甲介　117
鼻孔出息　116, 118, 149
鼻孔入息　116, 149
皮質脊椎路　13
日日是好日　91
ヒポクレチン　58

不安障害　26
不安症候群　20, 72
放松功　137
深い呼吸　122
不快情動　64
負荷補償反射　12
腹腔　127
副交感神経　53, 120, 151
副交感神経系　52, 115
副交感神経作用　53
腹腔内圧　150
腹式呼吸　2, 115, 120
副腎皮質刺激ホルモン放出ホルモン　26
腹側呼吸神経グループ　15
腹壁　10
不随意呼吸　13
舞台芸術　37
仏性　92
仏陀　88
武道　150
負の情動　79
プラセボ効果　82
プラーナ　114, 116
分界条床核　62
吻側延髄腹外側部　55

平滑筋　7, 129
閉気納息法　144
閉塞性睡眠時無呼吸　15

壁側胸膜　6
ペースメーカー細胞　15
ベッチンガー複合体　16
辺縁系　71
扁桃体　22, 62, 69

防衛反応　49, 56, 62, 63
防衛領域　49
法界定印　93
傍顔面神経核　15
傍胸骨内肋間筋　9
報酬系　65
縫線核　97
傍辺縁系　71
ホメオスタシス　6, 49, 53-55, 60
ホリスティック医学　124
本態性高血圧　63
本能行動　65

マ行

間　115, 121
間合い　129
マインドフル　118, 123
マインドフルネス　113, 118
摩訶迦葉尊者　89
摩訶止観　97
魔境　87
慢性閉塞性肺疾患　29

ミオグロビン　8
三木成夫　128
見込み制御　58
ミトコンドリア　7
脈管　116

村木弘昌　127

瞑想　2, 93
迷走神経　26
免疫力　148

網様体脊髄路　14
モノアミン　26

ヤ　行

薬物依存　65
　──の再燃現象　65
屋島　41
夜船閑話　130
病は気から　51, 67

養形　141
養生　124
養生訓　146
養生要集　144

養生論　144
養神　141
養性延命録　144
楊名時　100
楊名時太極拳　134
ヨガ　2
ヨーガ　67, 85, 149
予期不安　20
4つの呼吸　119

ラ　行

梨状葉　24, 69
リセット　54
立禅　106, 109

リハビリテーション　101
呂氏春秋　142
リラクセーション　73
リラックス　53

レビィー小体　77
レビィー小体型痴呆症　77
レム睡眠　19, 75

老子　141
六禽戯　143
六字訣　145
六祖慧能禅師　86

編者略歴

本間生夫（ほんま・いくお）

1948 年　千葉県に生まれる
1973 年　東京慈恵会医科大学卒業
1986 年　昭和大学医学部教授
現　在　東京有明医療大学・教授，学長
　　　　昭和大学名誉教授
　　　　医学博士

帯津良一（おびつ・りょういち）

1936 年　埼玉県に生まれる
1961 年　東京大学医学部卒業
現　在　帯津三敬病院名誉院長
　　　　医学博士

情動学シリーズ 6
情 動 と 呼 吸
　　　―自律系と呼吸法―

定価はカバーに表示

2016 年 12 月 10 日　初版第 1 刷
2021 年 2 月 25 日　　第 2 刷

編　者	本　間　生　夫	
	帯　津　良　一	
発行者	朝　倉　誠　造	
発行所	株式会社　朝倉書店	

東京都新宿区新小川町 6-29
郵 便 番 号　162-8707
電 話　03(3260)0141
Ｆ Ａ Ｘ　03(3260)0180
https://www.asakura.co.jp

〈検印省略〉

© 2016〈無断複写・転載を禁ず〉

印刷・製本　東国文化

Printed in Korea

ISBN 978-4-254-10696-1　C 3340

JCOPY　〈出版者著作権管理機構　委託出版物〉

本書の無断複写は著作権法上での例外を除き禁じられています．複写される場合は，
そのつど事前に，出版者著作権管理機構（電話 03-5244-5088, FAX 03-5244-5089,
e-mail: info@jcopy.or.jp）の許諾を得てください．

◈ 情動学シリーズ〈全10巻〉◈
現代社会が抱える「情動」「こころ」の問題に取組む諸科学を解説

慶大 渡辺　茂・麻布大 菊水健史編
情動学シリーズ1
情 動 の 進 化
――動物から人間へ――
10691-6　C3340　　　　A5判 192頁 本体3200円

情動の問題は現在的かつ緊急に取り組むべき課題である。動物から人へ，情動の進化的な意味を第一線の研究者が平易に解説。〔内容〕快楽と恐怖の起源／情動認知の進化／情動と社会行動／共感の進化／情動脳の進化

広大 山脇成人・富山大 西条寿夫編
情動学シリーズ2
情動の仕組みとその異常
10692-3　C3340　　　　A5判 232頁 本体3700円

分子・認知・行動などの基礎、障害である代表的精神疾患の臨床を解説。〔内容〕基礎編（情動学習の分子機構／情動発現と顔・脳発達・報酬行動・社会行動），臨床編（うつ病／統合失調症／発達障害／摂食障害／強迫性障害／パニック障害）

帝塚山大 伊藤良子・前富山大 津田正明編
情動学シリーズ3
情動と発達・教育
――子どもの成長環境――
10693-0　C3340　　　　A5判 196頁 本体3200円

子どもが抱える深刻なテーマについて，研究と現場の両方から問題の理解と解決への糸口を提示。〔内容〕成長過程における人間関係／成長環境と分子生物学／施設入所児／大震災の影響／発達障害／神経症／不登校／いじめ／保育所・幼稚園

都医学総研 渡邊正孝・前京大 船橋新太郎編
情動学シリーズ4
情動と意思決定
――感情と理性の統合――
10694-7　c3340　　　　A5判 212頁 本体3400円

意思決定は限られた経験と知識とそれに基づく期待，感情・気分等の情動に支配され直感的に行われることが多い。情動の役割を解説。〔内容〕無意識的な意思決定／依存症／セルフ・コントロール／合理性と非合理性／集団行動／前頭葉機能

前名市大 西野仁雄・前筑波大 中込四郎編
情動学シリーズ5
情 動 と 運 動
――スポーツとこころ――
10695-4　C3340　　　　A5判 224頁 本体3700円

人の運動やスポーツ行動の発現，最適な実行・継続，ひき起こされる心理社会的影響・効果を考えるうえで情動は鍵概念となる。運動・スポーツの新たな理解へ誘う。〔内容〕運動と情動が生ずる時／運動を楽しく／こころを拓く／快適な運動遂行

味の素 二宮くみ子・玉川大 谷　和樹編
情動学シリーズ7
情 動 と 食
――適切な食育のあり方――
10697-8　C3340　　　　A5判 264頁 本体4200円

食育, だし, うまみ, 和食について，第一線で活躍する学校教育者・研究者が平易に解説。〔内容〕日本の小学校における食育の取り組み／食育で伝えていきたい和食の魅力／うま味・だしの研究／発達障害の子供たちを変化させる機能性食品

前国立成育医療研 奥山眞紀子・慶大 三村　將編
情動学シリーズ8
情動とトラウマ
――制御の仕組みと治療・対応――
10698-5　C3340　　　　A5判 244頁 本体3700円

根源的な問題であるトラウマに伴う情動変化について治療の視点も考慮し解説。〔内容〕単回性・複雑性トラウマ／児童思春期（虐待, 愛着形成, 親子関係, 非行・犯罪, 発達障害）／成人期（性被害, 適応障害, 自傷・自殺, 犯罪, 薬物療法）

SOMEC 福井裕輝・岡田クリニック 岡田尊司編
情動学シリーズ9
情 動 と 犯 罪
――共感・愛着の破綻と回復の可能性――
10699-2　C3340　　　　A5判 184頁 本体3200円

深刻化する社会問題に情動研究の諸科学はどうアプローチするのか。犯罪の防止・抑止への糸口を探る。〔内容〕愛着障害と犯罪／情動制御の破綻と犯罪／共感の障害と犯罪／社会的認知の障害と犯罪／犯罪の治療：情動へのアプローチ

慶大 川畑秀明・阪大 森　悦朗編
情動学シリーズ10
情動と言語・芸術
――認知・表現の脳内メカニズム――
10700-5　C3340　　　　A5判 160頁 本体3000円

情動が及ぼす影響と効果について具体的な事例を挙げながら解説。芸術と言語への新しいアプローチを提示。〔内容〕美的判断の脳神経科学的基盤／芸術における色彩と脳の働き／脳機能画像と芸術／音楽を聴く脳・生み出す脳／アプロソディア

上記価格（税別）は2021年1月現在